高度城镇化地区生态保护红线划定与管理

郭洪旭　邓一荣　李智山 等　编著

科学出版社

北京

内 容 简 介

生态保护红线政策是我国政府开展生态环境保护和管理的一项重要创新举措，然而，高度城镇化地区生态保护红线划定方法和生态保护红线管理制度还有待完善。本书面向高度城镇化地区生态本底特征、生态服务需求、生态保护红线管理需求，以佛山市顺德区为案例，系统梳理高度城镇化地区生态保护红线的划定方法、勘界定标技术方法和管理方法，以期为高度城镇化地区生态保护红线的划定和管理提供科学支撑与案例借鉴。

本书可作为城市生态规划、生态保护红线划定、生态保护红线管理的科研人员、规划师、学生和政府工作人员的参考用书。

图书在版编目(CIP)数据

高度城镇化地区生态保护红线划定与管理／郭洪旭等编著 . —北京：科学出版社，2021.9

ISBN 978-7-03-069872-8

Ⅰ.①高… Ⅱ.①郭… Ⅲ.①城镇–生态环境保护–环境管理–研究 Ⅳ.①X321.2

中国版本图书馆 CIP 数据核字（2021）第 192455 号

责任编辑：王 倩／责任校对：樊雅琼
责任印制：吴兆东／封面设计：无极书装

科 学 出 版 社 出版

北京东黄城根北街 16 号
邮政编码：100717
http://www.sciencep.com

北京虎彩文化传播有限公司 印刷
科学出版社发行 各地新华书店经销

*

2021 年 9 月第 一 版 开本：720×1000 1/16
2021 年 9 月第一次印刷 印张：11 1/4
字数：220 000

定价：168.00 元

（如有印装质量问题，我社负责调换）

前　言

经过 40 年的快速城镇化，我国城镇化率从 1978 年的 17.92% 增至 2019 年的 60.65%，目前已全面进入城镇化的中后期。中国的快速城镇化在满足人民生产生活需求、推动工业化、实现经济社会转型发展等方面做出了突出贡献。但同时城镇化的粗放无序发展，导致建设用地急剧扩张，带来了一系列的生态环境问题。

党的十八大把生态文明建设纳入中国特色社会主义事业总体布局，提出积极引导城镇化健康发展，把生态文明建设融入城镇化全过程。划定生态保护红线是落实国家生态文明战略的重要抓手，也是构建集约高效的城市生产空间、生活空间、生态空间的重要手段。然而，现有生态保护红线的研究和实践多强调国家生态资源和生态安全格局的保护与调控，高度城镇化地区如何在满足国家要求的基础上，加大对当地重要生态资源的保护，相关研究较少。本书以佛山市顺德区为研究案例，开展全流程的生态保护红线划定和管理研究，对高度城镇化地区生态保护红线的划定和管理具有重要借鉴意义。

改革开放以来，佛山市顺德区一直是中国改革发展的探路先锋，是全国县域经济发展的排头兵。经济高速增长、城镇化水平快速提高导致城市建设用地面积激增，顺德区 1980 ~ 2014 年城镇面积扩张 1.24 倍，城镇面积占全区土地面积的比例由 21.14% 上升至 47.40%，造成湿地、水网、农田等生态用地面积急剧减少，生态用地斑块急剧破碎化。

为加强对生态用地的保护，顺德区积极开展生态保护红线划定，逐步建立和完善生态保护红线制度。2016 年顺德区人民政府印发实施《佛山市顺德区生态保护红线规划（2014—2025）》，是广东省首个县级政府划定的生态保护红线。为强化生态保护红线边界刚性，实现红线的精准化落地，实现红线成果在街镇和相关部门的电子化无缝对接，实现红线精确管理，顺德区组织开展了《佛山市顺德区生态保护红线精准化勘界》工作，2019 年率先完成生态保护红线的勘界定标工作。为了加强生态保护红线的管理，2019 年顺德区人民政府印发《佛山市顺德区生态保护红线管理办法（试行）》。在全国率先探索了一套全流程的生态保护红线划定、勘界定标和管理方法，既完成了"保障和维护国家生态安全底线"的目标，又满足了对辖区内风景绿地、河涌、基塘、公共绿地等生态稀缺资源的保护，具有重要现实意义和示范作用。

本书在上述工作的基础上，系统梳理了生态保护红线划定的理论基础，国内外生态保护红线划定的研究进展，并以佛山市顺德区为案例，系统开展了我国典型高度城镇化地区的生态服务功能评价、生态保护红线划定、生态保护红线精准化勘界、生态保护红线管理研究，以期为高度城镇化地区生态保护红线的划定和管理提供科学支撑与借鉴。

本书共7章，各章节完成者如下：第1章由郭洪旭撰写；第2章由孔书敏和王龙撰写；第3章由郭洪旭和邓一荣撰写；第4章由李智山、王刚、李智撰写；第5章由李智山和王刚撰写；第6章由康停军、王彬、王泽彬撰写；第7章由李智山和修晨撰写。在本书写作过程中，肖荣波和庄长伟提出了诸多宝贵意见，罗琸乔、樊俊岑、王至伟在文字校对、制图等方面付出了许多心血。

本书在写作过程中，引用了一些学者的研究成果，在此表示感谢。书中的一些内容具有探索性，故难免有不足之处，望读者不吝赐教！

目 录

第1章 绪 论

1.1 我国开展生态保护红线划定与管理工作的背景

1.1.1 我国城镇化发展现状与生态环境问题

经过 40 年的快速城镇化，我国城镇化率从 1978 年的 17.92% 增至 2019 年的 60.65%（林李月等，2020），目前已全面进入城镇化的中后期（王凯等，2020）。中国的快速城镇化在满足人民生产生活需求、推动工业化、实现经济社会转型发展等方面做出了突出贡献。但同时城镇化的粗放无序发展，导致建设用地急剧扩张，带来了一系列的生态环境问题（Liu and Diamond，2005；Bai et al.，2014；李广东和戚伟，2019）。

一是大量生态用地被侵占。2000~2017 年，城市建设用地由 206.99 万 hm^2 增长为 551.55 万 hm^2，年均增长 5.93%；耕地在 2009 年第二次全国土地调查时为 13538.45 万 hm^2，2017 年则降为 13488.22 万 hm^2。城市规模和建设用地需求与日俱增，耕地、林地、草地等非建设用地迅速减少，人地矛盾加剧（曹祺文等，2021）。

二是无序城镇化对自然生态安全格局造成破坏。全国 600 余个大中城市和 6000 余个县城大都把城镇化的重心放在房产建设上，城市粗放式开发，破坏了区域生态安全格局，威胁着城市生态系统健康。在大规模、高强度、摊饼式的城镇化、工业化开发模式背景下，自然生态系统被挤占现象普遍，完整性被破坏，功能性趋于弱化乃至消失。

三是过度功利的城镇建设已严重威胁人居生态安全、生态多样性保护和生态文化。受到片面经济增长观和唯 GDP 论的影响，城镇政府的财政投入力度偏向经济增长，过度依赖土地财政驱动，热衷于城镇的外延扩张，城镇钢筋水泥丛林面积不断扩大，自然植被覆盖较低，生态空间严重不足。据统计，全国城市绿地占建设用地比例仅为 10% 左右，城镇人均公园绿地面积仅有 2.0m^2。由于人工过度干预，城镇湿地面积锐减，湿地生境大多遭受破坏，且多被分割成面积狭小、孤岛式斑块，湿地生物生存受到严重威胁，生物多样性持续减少（高吉喜等，2016）。

四是城镇发展的粗放快进导致环境污染问题日益突出。城市空气质量较差，PM2.5浓度普遍较高。全国有2/3的城市空气质量不达标，325个地级及以上城市中，环境空气质量超标比例仍高达11.0%。城镇污水排放量持续增大，部分污水没有经过任何处理直接排出，造成了地表水和地下水污染严重。据统计，全国城市污水排放量在1991～2011年增长了37.4%，而县城污水排放量则在2001～2011年间增长了84.1%。2011年，在全国200个城市4727个地下水水质监测点中，较差和极差水质的监测点比例高达55.0%。城镇垃圾无害化处理能力严重落后于城镇的发展和功能需要，全国城市生活垃圾累积堆存量达70多亿吨，占地80多万亩（1亩≈666.6m²），并且还以年均4.8%的速度持续增长。全国2/3的大中城市陷入垃圾包围之中，1/4的城市已没有合适场所堆放垃圾。同时以城市为中心的环境污染在迅速向农村蔓延，农产品环境安全面临考验（高吉喜等，2016）。

1.1.2 划定生态保护红线已成为我国生态环境保护和管理的重要举措

党的十八大把生态文明建设纳入中国特色社会主义事业总体布局，这是党对人与自然关系再认识的重要成果，也是我国保持经济持续健康发展的必然要求。面对城镇化发展带来的一系列生态环境问题，积极引导城镇化健康发展，把生态文明建设融入城镇化全过程，是当前面临的一项重要战略任务。划定生态保护红线是落实国家生态文明战略的重要抓手，也是构建集约高效的城市生产空间、生活空间、生态空间的重要手段。

2011年《国务院关于加强环境保护重点工作的意见》（国发〔2011〕35号）明确提出，在重要生态功能区、陆地和海洋生态环境敏感区、脆弱区等区域划定生态红线。2013年十八届三中全会通过的《关于全面深化改革若干重大问题的决定》中，将划定生态保护红线作为加快生态文明制度建设的重点内容。明确要求"划定生态保护红线""建立国土空间开发保护制度""建立空间规划体系，划定生产、生活、生态空间开发管制界限，落实用途管制"。2017年，中共中央办公厅、国务院办公厅印发了《关于划定并严守生态保护红线的若干意见》，并发出通知，要求各地区各部门结合实际认真贯彻落实，生态保护红线划定工作已在全国各省、自治区和直辖市全面开展。

生态保护红线政策的提出，是中国政府开展生态环境保护和管理的一项重要创新举措（Gao，2019）。在生态红线概念提出之后，社会各界对生态红线的认知度逐步提高，国家层面对划定并严守生态红线也更加重视，将划定生态红线作为生态文明制度建设的重要内容，并将生态红线保护领域拓展到资源、环境及生态系统不同方面。经过十余年的发展与构想，学者们对其进行了不同角度的理论探索与研究（刘冬等，2021；Jiang et al., 2019；Bai et al., 2016；Xu et al., 2018），国家和地方政府也在不同层面开展了大量的实践（杨邦杰等，2014；刘冬等，2021），目前全国各省、自治区和直辖市生态保护红线评估、划定、调整工作已经完成，形成了生态保护红线划定调整方案，待进一步审核和完善后将按程序报批。同时，国家正有序推进生态保护红线监管体系和监管平台建设。

1.1.3　高度城镇化地区生态用地保护和管理需求迫切

城市生态用地是城市赖以生存的自然基底，是维护城市生态安全，为城市居民提供必要生态系统服务的重要土地类型（彭建等，2015）。随着我国城镇化进程的快速推进，城市内部及周边的大量生态用地被建设用地取代，导致城市内部和城郊地区生态用地稀缺。

高度城镇化地区生态用地被侵占现象严重。高度城镇化地区，尤其是城市群，是城市用地扩张最为活跃的区域，大量农村人口迁入城市群，生态用地被城市用地大规模侵占，致使区域面临严重的生态环境问题（Liu et al., 2019），给城市可持续发展带来挑战（欧阳晓和朱翔，2020）。

高度城镇化地区人类活动强度高，生态用地保护难度大。高度城镇化地区人口总量、密度更大，经济生产、居民活动强度更高，对生态系统的干扰更强烈。1975～2014 年，全国建成区比率（城市建成区面积占城市总面积的比例）值增长了 3 倍，随着建设用地的扩张，其侵占的生态用地和耕地等地类的面积越来越大，从而导致景观斑块类型的主导性降低并趋于破碎化，人类活动对景观的干扰强度和频率也不断增强（李广东和戚伟，2019）。

高度城镇化地区生态用地的生态服务价值更高。位于城市内部的生态用地，除了可提供生态产品、水土保持、水源涵养等基本生态功能外，还能够美化环境、降低噪声，并为人类提供休憩场所，满足城市居民对自然生态和可亲景观的强烈需求，而且生态用地所在区域居民活动越密集，该生态用地的服务功能越重要，保护价值越高。

1.1.4　高度城镇化地区生态保护红线划定方法有待完善

自生态保护红线的概念提出后，全国各地开展了大量的研究与实践，政府部门为了规范管理印发了一些生态保护红线划定的指南，如 2014 年 2 月环境保护部南京环境科学研究所印发了《国家生态保护红线—生态功能基线划定技术指南（试行）》。2017 年，环境保护部与国家发展和改革委员会印发了《生态保护红线划定指南》（环办生态〔2017〕48 号），形成了相对完善的生态保护红线划定方法。依据《生态保护红线划定指南》，生态保护红线指在生态空间范围内具有特殊重要生态功能、必须强制性严格保护的区域，是保障和维护国家生态安全的底线和生命线，通常包括具有重要水源涵养、生物多样性维护、水土保持、防风固沙、海岸生态稳定等功能的生态功能重要区域，以及水土流失、土地沙化、石漠化、盐渍化等生态环境敏感脆弱区域。国家生态保护红线的划定，强调"保障和维护国家生态安全的底线和生命线"，加强对"关系全国或区域生态安全"的重点生态功能区的保护。

针对高度城镇化地区生态保护红线的划定，重点评价对象的生态功能重要性和生态脆弱性/敏感性取决于规划区域生态环境问题的严重程度，以及该区域对生态服务功能的需求，居民的生产、生态、生活需求是生态用地保护和管理的重要参考和依据。因此，高度城镇化地区生态保护红线的划定过程中，评估对象的选择需要依据当地的生态环境问题和生态服务需求进行筛选，进而确定适宜的评估方法，构建相应的技术体系，相关研究方法有待进一步完善。

1.1.5　高度城镇化地区生态保护红线管理制度有待完善

现有生态保护红线管理制度体系的研究主要集中在建立管理模式、开展监测评估、完善管理保障制度等方面，具体内容包括生态保护红线分级分类管控、红线监管体系、红线生态补偿制度、红线评估考核、环境准入制度等。在管理模式方面，重点强调政府部门要形成"综合管理部门统一监督、各行政主管部门实施管理"的基本结构（陈海嵩，2015）。在监测评估制度方面，主要采用大数据、卫星遥感、地基遥感、航空遥感、野外观测台站和核查巡护等数据，建立基于"天-空-地"一体化的生态保护红线监测体系以及"本底-现状-变化"生态保护红线评估体系（王桥等，2017）。在管理保障制度方面，不少研究都提出了建立生态保护红线补偿制度、环境准入机制，完善排污权有偿交易机制、自然资源资产负债表制度，建立社会公众参与监督机制。生态保护红线作为我国环境保护的制度创新，虽然已成为国家政策，但尚未有明确的法律层面的制度管理，一些学者提出，要建立健全生态保护红线的法律保障制度体系来保证生态保护红线的合理划定和维护（王灿发和江钦辉，2014），将生态保护红线在环境法律制度中融合并进行创新，建立法律责任追究体系（刘冬等，2021）。

高度城镇化地区的生态用地既有维持生态系统自身能量流、物质流、信息流稳定，保障城市发展生态基底安全的功能，又有为人类提供供给、调节、支持与文化等多重生态系统服务的功效，同时拥有自然与社会属性（彭建等，2015）。近年来，深圳市试点建立了一系列基本生态控制线的管理制度，明确了基本生态控制线内建设项目负面清单（饶胜等，2012）；天津、江苏试点开展了生态保护红线分类管理（高吉喜，2015）；北京、上海、天津等地提出探索生态保护红线制度，完善生态补偿机制（林勇等，2016）。然而，高度城镇化地区的人类活动强度高，生态用地的管理涉及部门多，如何协调国家保护红线和地方保护红线的关系，如何加强对本地具有重要服务功能的生态用地的保护，如何减少管理成本、提高管理效率，还需要加强相关研究。

1.2　高度城镇化地区生态保护红线划定与管理亟须开展的工作

划定并严守生态保护红线，是贯彻落实主体功能区制度、实施生态空间用途管制的重要举措，是提高生态产品供给能力和生态系统服务功能、构建国家生态安全格局的有效手段，是健全生态文明制度体系、推动绿色发展的有力保障。

然而，现有生态保护红线的研究和实践多强调国家生态资源和生态安全格局的保护与调控，而高度城镇化地区，如何在满足保护国家生态资源底线的基础上，加大对自身生态资源的保护，相关研究较少。本书以我国典型高度城镇化地区——佛山市顺德区为研究案例，面向高度城镇化地区生态服务需求，面向高度城镇化地区生态保护红线精准落地需求，面向高度城镇化地区生态保护红线管理需求，开展全流程的生态服务功能评价、生态保护红线划定、生态保护红线精准化勘定、生态保护红线管理研究，对高度城镇化地区生态保护红线的划定和管理具有重要借鉴意义。

1.2.1　构建和完善高度城镇化地区生态保护红线划定的方法体系

国家生态保护红线的划定，强调"保障和维护国家生态安全的底线和生命线"，加强对"关系全国或区域生态安全"的重点生态功能区的保护。而高度城镇化地区当地居民的生产、生态、生活需求是生态用地保护和管理的重要依据，因此生态功能重要性和生态脆弱性/敏感性评价需要结合区域生态环境状况和生态需求进行评价。本研究以顺德区为案例，以生态服务功能评价和生态安全格局构建为基础，开展生态保护红线划定，构建高度城镇化地区生态保护红线划定的方法体系，为相关研究提供理论依据。

1.2.2 探索高度城镇化地区生态保护红线勘界与精准化的方法体系

高度城镇化地区土地资源稀缺，生态斑块破碎化严重，生态用地被侵占严重。开展生态保护红线精准化勘界是实现生态保护红线落地的重要技术基础，然而目前还缺乏相关技术方法体系。佛山市顺德区于 2019 年在全国率先完成生态保护红线精准化勘界工作，以实证研究，构建了精准化勘界的技术规范要求，明确了生态保护红线内业精准化勘界需要参考的依据，提出了生态保护红线外业勘界的基本要求。实现生态保护红线划定成果和精准化勘界成果与各街镇以及相关部门的电子化无缝对接。为国家和地方政府制定相关技术标准提供了案例支撑。

1.2.3 制定高度城镇化地区生态保护红线管理体系

生态保护红线划定后，制定和发布相关管理政策和要求是实施生态保护红线管理的基础。现有管理体系对高度城镇化地区生态用地侵占问题的管理力度不足，缺乏相关试点经验。佛山市顺德区于 2016 年印发实施《佛山市顺德区生态保护红线规划（2014—2025）》，2019 年完成生态保护红线精准化勘界定标工作，印发《佛山市顺德区生态保护红线管理办法（试行）》，在全国率先构建了全流程的生态保护红线管理体系。提出了地方生态保护红线的管理方法，明确了地方生态保护红线与国家生态保护红线管理的范围、部门职责、项目准入等要求，为高度城镇化地区生态用地的管理提供案例支撑。

1.3 高度城镇化地区生态保护红线划定与管理面临的关键问题

1.3.1 生态保护红线划定要面向高度城镇化地区生态本底特征和生态服务需求

国家生态保护红线划定面向"保障和维护国家生态安全的底线和生命线"，加强对"关系全国或区域生态安全"的重点生态功能区的保护，而高度城镇化地区，生态资源十分有限，生态保护红线划定更应面向本地的生态环境问题和生态服务需求。

　　本书以珠江三角洲高度城镇化地区——佛山市顺德区为研究案例,在国家生态保护红线的划定要求(饮用水源、水源涵养、土壤保持等)之外,面向我国高度城镇化地区存在的共性问题,如内涝、面源污染,开展生态脆弱性/敏感性分析;面向顺德区自身的农产品供给需求、渔业产品供给需求、生物多样性保护需求等,开展生态服务功能重要性评价。依据生态脆弱性/敏感性分析和生态服务功能重要性评价,结合水网、绿地、农田等生态用地的空间分布,构建生态安全格局,并以生态保护红线划定为抓手,实现生态安全格局的落地。

1.3.2　生态保护红线边界的精准化要面向高度城镇化地区矛盾热点区域

　　高度城镇化地区人口总量、密度更大,经济生产、城市建设、居民活动强度更高,城镇用地需求迫切、用地规划更新速度快,红线内部建设用地权属状况复杂,对生态系统的干扰更强烈。生态保护红线的精准化落地,基础数据在环保、国土、城建、水利等部门间的对接,红线中城市规划、建设项目空间边界的精确更新与监管,红线内部建设用地的管理和监督,是高度城镇化地区生态保护红线落地和监管的重点和难点。

　　本书面向高度城镇化地区生态保护红线精准化落地和监管问题,在佛山市顺德区案例研究过程中,构建内业和外业相结合的精准化勘界技术体系,应用土地利用现状图、高分辨率的卫星影像数、现势地形图、最新的控制性详细规划等数据,结合各镇街具体反馈意见,对生态保护红线划定成果进行内业勘界。在已完成边界校核的成果基础上,以高精度地形图为参考底图,针对内业无法核实的热点和矛盾突出区域开展外业勘定工作。在国家开展相关工作之前,率先建立高度城镇化地区生态保护红线精准化勘界定标工作流程和方法技术体系。

1.3.3　生态保护红线的管理要面向高度城镇化地区的人类活动特征

　　高度城镇化地区的生态保护红线内生态用地类型多样、建设强度高、基础设施建设需求复杂,现有管理政策文件无法满足管理需求。如针对广东省生态保护红线管理的《广东省生态严控区管理办法》,对禁止建设项目提出了较为明确的要求,但对影响较小的基础设施建设,并未提出明确的要求。如何既确保生态保护红线的管理刚性，又减少管理成本，是高度城镇化地区生态保护红线管理面临的难题。

本书针对顺德区生态保护红线的管理，提出分类、分级管控思路，国家级生态保护红线，按照国家的国控要求开展保护和调整，区级生态保护红线，结合生态用地的本底条件，确定其生态功能定位、管控目标与指标、责任主体，明确生态保护红线的管理建议；针对有项目建设行为或需要开展生态保护红线边界调整的项目，明确项目建设/调整的准入清单以及行政审批流程，既确保了生态保护红线的管理刚性，又明确了项目建设和红线调整的要求，降低了管理成本，提高了管理效率。

1.3.4 面向高度城镇化地区建立全流程生态保护红线划定和管理方案

生态保护红线的划定、勘界定标、管理是一项系统工程，生态保护红线划定科学、边界精准、管理有据可依，是实现生态保护红线落地和管理的关键。2017年，环境保护部与国家发展和改革委员会印发了《生态保护红线划定指南》（环办生态〔2017〕48 号），在全国推广生态保护红线划定。在此之前，多数试点地区生态保护红线以划定为主，红线边界精准化勘界和红线管理试点工作进展相对缓慢。

本书在划定佛山市顺德区生态保护红线的过程中，充分考虑了顺德区高度城镇化地区的生态本底特征和生态服务需求，并进一步构建了红线边界的精准化勘界技术体系；在与已有规划和政策法规充分衔接的基础上，研究提出适合顺德区自身生态保护红线需求的管理办法，构建全流程的生态保护红线划定和管理体系。

第 2 章　生态保护红线划定与管理的理论基础

2.1　生态保护红线的概念和内涵

2.1.1　生态保护红线的定义

红线亦即底线，通常具有约束性含义，表示各种用地的边界线、控制线或具有低限含义的数字。红线最初指城市规划部门批给建设单位的占地面积，一般用红笔圈在图纸上，具有法律效力。后来红线广泛用于规划红线（建筑红线、道路红线）、水资源红线、耕地红线等（郑华和欧阳志云，2014）。

自2011年《国务院关于加强环境保护重点工作的意见》（国发〔2011〕35号）明确提出，在重要生态功能区、陆地和海洋生态环境敏感区、脆弱区等区域划定生态红线以来，林业、水利、海洋等不同管理职能部门及研究学者在生态保护红线划定的实践过程中，提出了生态保护红线的概念（表2-1）。

表 2-1　不同类型生态红线统计

类型	红线概念	文献
草原生态红线	指国家通过立法确立的，为保持草原基本生态功能、支撑牧区畜牧业生产所必须恪守的最小草原面积	（马林，2014）
林业生态红线	保障和维护国土生态安全、人居环境安全、生物多样性安全的林业生态用地和物种数量底线	（许正亮和韩郸，2016）
海洋生态红线	依据海洋自然属性以及资源、环境特点，划定对维护国家和区域生态安全及经济社会可持续发展具有关键作用的重要海洋生态功能区、海洋生态敏感区和脆弱区，并实施严格保护	（曾江宁等，2016）
海岛生态红线	在海岛生态空间范围内具有特殊重要生态功能、必须强制性严格保护的海岛或区域，是保障和维护海岛生态安全的底线和生命线，通常包括具有重要生物多样性保护、水源涵养、景观遗迹保护、空气质量调节、产品供给、海岸生态稳定等功能的生态功能重要的海岛或区域，以及水土流失、土壤侵蚀、生物多样性与生境、红树林、珊瑚区、海草床等生态环境敏感脆弱的海岛或区域	（刘超等，2018）

类型	红线概念	文献
水资源红线	水资源利用的底线或最高数量限值，属于资源开发利用红线的一种，具体包括水资源开发利用控制红线、用水效率控制红线和水功能区限制纳污红线	（李显锋，2016）
流域生态红线	指根据流域生态系统完整性和连通性的保护需求，在流域重要生态功能区、生态环境敏感区和脆弱区等区域划定的严格管控边界，是针对不同生态功能而划定的生态功能保障基线，也是维护流域生态安全的防护底线	（包晓斌，2019）

2017 年，中共中央办公厅、国务院办公厅印发了《关于划定并严守生态保护红线的若干意见》，并印发《生态保护红线划定指南》（简称《指南》），生态保护红线的定义和内涵在国家政策文件中被进一步明确。《指南》中明确提出，生态保护红线是指在生态空间范围内具有特殊重要生态功能、必须强制性严格保护的区域，是保障和维护国家生态安全的底线和生命线，通常包括具有重要水源涵养、生物多样性维护、水土保持、防风固沙、海岸生态稳定等功能的生态功能重要区域，以及水土流失、土地沙化、石漠化、盐渍化等生态环境敏感脆弱区域。

生态红线是我国生态环境保护的制度创新，是一个由空间红线、面积红线和管理红线三条红线共同构成的综合管理体系。空间红线是指生态红线的空间范围，应包括保证生态系统完整性和连通性的关键区域。面积红线则属于结构指标，类似于土地红线和水资源红线的数量界限。管理红线是基于生态系统功能保护需求和生态系统综合管理方式的政策红线，对于空间红线内的人为活动的强度、产业发展的环境准入以及生态系统状况等方面制定严格且定量的标准（饶胜等，2012）。

2.1.2 生态保护红线的保护对象

传统的保护区保护对象主要是生物多样性、自然遗迹和文化遗产，而生态红线划分的依据是重要生态功能区和生态脆弱区/敏感区。除了生物多样性保护外，其他生态功能，如淡水和产品供给、土壤保持和防风固沙、水体净化、气候调节、水源涵养，也是进行生态红线划分需要考虑的因素，从这个意义上讲生态红线的内涵相对更广。评价对象的生态功能重要性和生态脆弱性/敏感性取决于规划区域生态环境问题的类型和严重程度以及该区域对生态服务功能需求的紧迫性，而不仅仅是评价对象自身的生态属性。生态功能重要性和生态脆弱性/敏感性评价需要结合区域生态环境状况进行评价。另外，评价对象的生态功能重要性除了取决于其自身生态属性外，还取决于它在所在景观或者区域中的空间位置，它在维护景观或者区域安全格局中的作用。鉴于生态红线划分和管理的目的是维护国家或者区域的生态安全，保护生态系统的完整性和连续性，区域水平上的空间背景因素和评价对象在区域安全格局中的作用需要重点考虑。

2017 年，中共中央办公厅、国务院办公厅印发的《关于划定并严守生态保护红线的若干意见》明确了我国生态空间和生态保护红线的官方定义。生态空间是指具有自然属性、以提供生态服务或生态产品为主体功能的国土空间，包括森林、草原、湿地、河流、湖泊、滩涂、岸线、海洋、荒地、荒漠、戈壁、冰川、高山冻原、无居民海岛等。生态保护红线是指在生态空间范围内具有特殊重要生态功能、必须强制性严格保护的区域，是保障和维护国家生态安全的底线和生命线，通常包括具有重要水源涵养、生物多样性维护、水土保持、防风固沙、海岸生态稳定等功能的生态功能重要区域，以及水土流失、土地沙化、石漠化、盐渍化等生态环境敏感脆弱区域。

2.1.3　生态保护红线的划定空间与面积

在生态保护红线的研究中，根据生态服务功能需求、保护生态系统完整性和生态过程可持续性的需要，确定不同类型的重要生态区和脆弱区的空间范围和最小保护面积，是生态保护红线划分技术研究中的重要内容。面积红线的确定和空间红线的划分需要有机结合综合考虑。在根据评价单元的自然、社会和经济属性划定空间红线时需要考虑面积红线的数量要求，空间红线划分的标准要因面积红线变化而变化，不可一概而论。面积红线也需要根据区域生态功能服务需求和生态环境问题的类型与严重程度因地制宜地进行设定。空间红线和面积红线确定后，加强红线管理以确保红线区域内的人类活动类型和强度不影响生态系统的完整性，不会对生态系统关键过程产生不利影响，是保证生态保护红线划分成果的科学价值真正发挥的关键。生态保护红线区并不是绝对不可开发利用，只要能保证红线区的保护性质不变，生态功能不降低，面积不减少，可以适当开发利用，一些规划指南中将生态红线区进一步划分为禁止开发区和限制开发区，体现了这一思想（林勇等，2016）。

2.1.4　生态保护红线的管控要求

针对国家生态保护红线，2017 年环境保护部与国家发展和改革委员会印发了《生态保护红线划定指南》（环办生态〔2017〕48 号），明确要求生态保护红线原则上按禁止开发区域的要求进行管理。严禁不符合主体功能定位的各类开发活动，严禁任意改变用途，确保生态功能不降低、面积不减少、性质不改变。因国家重大基础设施、重大民生保障项目建设等需要调整的，由省级政府组织论证，提出调整方案，经环境保护部、国家发展和改革委员会会同有关部门提出审核意见后，报国务院批准。

一些试点地区，根据当地的生态需求，也提出了一些生态保护红线管理的要求，如深圳市试点建立了一系列基本生态控制线的管理制度，明确规定，除重大道路交通设施、市政公用设施、旅游设施和公园以外，禁止在基本生态控制线范围内进行建设（饶胜等，2012）。天津、江苏试点开展了生态保护红线分类、分级管理，分级是指根据保护对象的严格性程度分为一级管控区和二级管控区，对应采取不同严格程度的管控措施；分类是指对各类型生态保护红线和具体红线区块实施差别化精细管理措施（高吉喜，2015）。

2.2　国内外研究现状

2.2.1　我国生态保护红线发展历程

2004 年广东省颁布实施《珠江三角洲环境保护规划纲要（2004—2020）》，首次提出生态红线的概念和"红线调控、绿线提升、蓝线建设"的三线调控总体战略。其后在《环渤海地区沿海重点产业发展战略环境影响评价报告》中也提到了生态红线的概念，划定的生态红线区面积约占区域总面积的 20%。深圳市 2005 年 10 月出台了《深圳市基本生态控制线管理规定》，将一级水源保护区、风景名胜区、自然保护区、集中成片的基本农田保护区、森林及郊野公园、生态廊道，以及陡坡地、高地、水体湿地等生态脆弱地区划入城市生态控制线（实质上就是生态红线）范围内（饶胜等，2012）。

在国家政策层面，2011 年，中国首次提出"生态红线"一词，接着首次提出了"划定生态红线"的重要战略任务，在重要生态功能区、陆地和海洋生态环境敏感区、脆弱区等区域划定生态红线（杨邦杰等，2014）。2014 年修订后的《环境保护法》第 29 条明确规定，"国家在重点生态功能区、生态环境敏感区和脆弱区等区域划定生态保护红线，实行严格保护"（侯鹏等，2021）。在 2017 年中共中央和国务院《关于划定并严守生态保护红线的若干意见》中，该定义得到完善，扩大了包含的范畴，提升了重要性，细化了定义内容。2019

年颁布的《关于在国土空间规划中统筹划定落实三条控制线的指导意见》，明确要求仅允许对生态功能不造成破坏的有限人为活动，当下随着国土空间规划体系改革的不断深入，生态保护红线成为国土空间用途管制的三条基本控制线之一。

2.2.2 我国生态保护红线划定技术研究

针对生态保护红线划定技术和理论，我国政府部门和学者开展了大量的探索。政府部门为了规范管理需要印发了生态红线划分的指南，例如，2012 年 9月，国家海洋局出版了《渤海海洋生态红线划定技术指南》；2016 年 6 月，国家海洋局印发了《关于全面建立实施海洋生态红线制度的意见》，并配套印发《海洋生态红线划定技术指南》，指导全国海洋生态红线划定工作，标志着全国海洋生态红线划定工作全面启动。2014 年 2 月，环境保护部南京环境科学研究所印发了《国家生态保护红线–生态功能基线划定技术指南（试行）》。经过几年的实践和完善，2017 年中共中央和国务院印发《关于划定并严守生态保护红线的若干意见》，并配套印发了《生态红线划定指南》。

国家政府部门印发的生态红线划定技术指南，对地方生态保护红线划定和管理具有重要支撑作用，但在中小尺度生态红线划定中，需要对评价指标体系、评价方法、技术手段进行修订、细化和改进。国内大量研究从省级、市级、区域、流域等不同尺度，针对草原、海洋、河流、森林等生态系统，开展生态保护红线划定，相关研究如表 2-2 所示。

表 2-2 生态红线划定相关研究

类型	技术方法	研究区	文献
草原	由草原生态功能、产业功能、文化传承功能三个层面组成的草原生态红线划定评价指标体系	呼伦贝尔草原	（艾伟强和马林，2017）
	相对评价法评价生态系统的敏感性，多因子综合法评价生态系统服务功能的重要性	呼伦贝尔草原	（冯宇，2013）
海洋	根据湿地面积、生物资源量等指标对渤海划定生态红线	渤海	（许妍等，2013）
湿地	基于生态系统服务功能重要性和敏感性评价，指标选取侧重海陆属性	黄河三角洲湿地	（刘佳琦等，2017）
	基于生态系统服务功能重要性和敏感性评价，指标选取侧重湿地人为活动干扰方面	鄱阳湖湿地	（谢花林等，2018）

类型	技术方法	研究区	文献
洪水调蓄区	基于洪水调蓄、水源涵养、土壤保持、生物多样性保护和固碳等五项生态系统服务重要性评价划定技术方法	湖南省安乡县	(周婷婷,2016)
石漠化地区	增加石漠化极敏感区指标,根据碳酸盐岩出露面积百分比、地形坡度和植被覆盖度等因子计算石漠化敏感性等级	贵州省石漠化敏感区域	(谢雅婷等,2017)
	选取降雨侵蚀力、地形起伏度、植被类型、土壤类型和土壤允许流失量等五个指标对研究县域水土流失敏感性进行评价,增加河湖滨岸缓冲带敏感性评价	贵州省普定县	(杜光华等,2017)
山地	基于生态敏感性和生态服务价值的土地生态综合评价	重庆市义和镇	(丁雨眔等,2016)
城市及城郊结合部	基于分区管控的北京市生态保护红线划定研究	北京市	(张聪达和刘强,2015)
	基于城市环境总体规划的"识-评-落-合"划定城市生态保护红线	湖北省宜昌市	(熊善高等,2016)
	基于生态安全格局划定方法	哈尔滨阿城区	(韩琪瑶,2016)
	基于生态网络格局的生态保护红线优化方法	山东省青岛市	(王成新等,2017)
	基于 GIS 识别生态保护红线边界的方法	北京市昌平区	(王丽霞等,2017)

2.2.3 我国生态保护红线管理制度研究

1. 工作进展

2013 年 11 月,党的十八届三中全会通过的《中共中央关于深化改革若干重大问题的决定》指出,"划定生态保护红线,坚定不移实施主体功能区制度,建立国土空间开发保护制度,严格按照主体功能区定位推动发展,建立国家公园体制",把生态红线制度作为生态环境管理体制最重要最优先的任务。

2015 年实施的《中华人民共和国环境保护法》首次将"生态保护红线"写入法律,强调生态环境保护的同时,也要求防范生态风险的发生,给予红线相应的法律地位。2019 年 11 月中共中央和国务院发布的《关于在国土空间规划中统筹划定落实三条控制线的指导意见》（以下简称《三线意见》）中，明确了生态红线范围内的自然保护地核心保护区和其他区域在管控强度和政策上的差异。

2. 研究进展

作为一个创新制度，生态红线制度目前还处在发展阶段，并没有专门立法出台，仅在《中华人民共和国环境保护法》第二十九条一个条文中做了明确规定，即"国家在重点生态功能区、生态环境敏感和脆弱区等区域划定生态保护红线，实行严格保护"。该条文只是原则性的规定，缺乏具体性、系统性及协调性。

自我国生态保护红线概念和相关规定提出以来，地方逐渐启动了相关红线划定与管理工作。试点地区逐步建立和完善红线管理政策，如江苏、天津、浙江、广东等地完成了红线划定并出台了相关的管理配套政策。各省（自治区、直辖市）在 2017 年《关于划定并严守生态保护红线的若干意见》的指导下，对本地生态保护红线划定和管理工作进行了优化和调整，但生态保护红线相关法律立法和管理制度的制定与完善暂未形成完整的体系。如何在国家政策和法律规定的统一原则下结合地方特色进行生态红线管理成为相关部门和学者研究的重点。

结合以往环境保护和生态保护相关规定，国内学者针对国家法律规定和地方生态红线管理制度做了大量研究（表2-3），提出了许多宝贵意见，有利于健全我国生态红线管理体制。

表 2-3　国内生态保护红线管理制度研究

时间	研究内容	重要观点	文献
2014 年	提出完整的生态红线制度体系应包括监测监察制度、越线责任追究制度、公众参与制度，并通过生态补偿以及考核评价体系来落实保障制度	为了保证生态红线的合理划定、维护，需要建立健全生态红线的法律保障制度体系。坚持科学合理布局、保护兼顾发展以及分级保护的原则，同时应构建一套完整的制度体系	（王灿发和江钦辉，2014）
2014 年	基于结构的敏感性、过程的脆弱性、功能的重要性，提出五大领域、四大分区的生态红线管理体系框架	应配套完善的管控措施，实施分级管控	（吕红迪等，2014）
2015 年	提出了生态系统管理框架，识别了生态系统管理中存在的三个关键问题：概念界定、管理方式和保障制度	应努力构建国家层面的生态系统管理方式，要健全奖惩和补偿机制，引导公众参与生态保护红线的划定、管理和监督工作	（侍昊等，2015）

续表

时间	研究内容	重要观点	文献
2015 年	结合国际经验，对比了我国现有保护地体系的空缺和保护地分类管理中存在的问题	建议强化环境保护部门统一监督管理职能，制定生态保护红线管理办法，在生态保护红线区域内实行分级分类管理	（刘冬等，2015）
2015 年	梳理了我国已有的生态保护地政策，并总结了地方生态保护红线管理实践的经验和教训	生态保护红线管理要遵循中央统筹、地方落实的管理模式和管理程序，建立完善的激励性政策和约束性政策，实现管、护均衡，遵循分层级、分类别管理原则	（柴慧霞等，2015）
2015 年	以祁连山自然保护区为例，探讨了生态红线的价值目标，研究和总结了我国生态功能区、自然保护区面临的突出问题	建议构建完善的生态保护红线体系及对应机制，如生态保护红线的划定制度、监测与监察制度、考核与追责制度以及公众参与制度等	（康慧强，2015）
2016 年	针对生态保护红线边界划定、配套政策和管控体系开展分析和探讨	建议加快落实严守生态保护红线的配套政策，加快落实生态保护红线的管控体系	（高吉喜，2016）
2017 年	根据山东省生态保护红线划定的背景、形式、范围、方法和结果，提出了生态保护红线划定之后的管理机制	在总结相关经验的基础上提出了生态保护红线制度完善的建议	（李玄等，2017）
2017 年	分析了我国生态保护红线管控要求，提出了相应管理措施	提出监测技术管控、监察执法管控、行政许可管控、法律强制管控和社会参与管控的生态保护红线管控制度体系，并从多方面提出了相应配套措施	（高吉喜等，2017）
2018 年	回顾了我国生态保护红线的发展历程，结合《生态保护红线划定技术指南》，基于生态安全问题视角，构建区域生态保护红线管控技术方案	提出采用制度约束人类行为，采用多尺度研究手段确立管控目标，划分区域生态保护红线管控类型；针对危害生态保护红线的生态安全问题提出科学可行、切实有效的应对方案	（范小杉等，2018）
2019 年	讨论了我国生态保护红线法律制度建设的主要矛盾	提出要通过立法明确生态保护红线的调整主体及程序、监督管理职责、监测与管控平台、建设项目的准入制度、生态补偿、评估和考核等，并认为城乡规划是生态保护红线立法路径的切入点，立法宜地方先行、谨慎探索、相互借鉴、区域协同	（于鲁平，2019）
2020 年	探讨了生态保护红线制度的权威性须依靠立法创制保障	各地生态保护红线管理需要构筑法治框架，由政策推导融入立法，通过制定单行法或地方立法，促使生态保护红线制度落地，并配套保障机制和措施	（王权典，2020）

2.2.4 国外生态保护红线划定与管理研究

国外没有生态保护红线的概念，但是在生态脆弱性/敏感性（Ebenman and Jonsson，2005；De Lange et al.，2010；Bergengren et al.，2011）、自然保护区设计和选址（Santi et al.，2010；Halpern et al.，2010；Mora and Sale，2011）方面做了大量工作可为中国生态红线划分技术研究提供参考。美国国家生态分析与综合中心（The National Center for Ecological Analysis and Synthesis，NCEAS）在生态区划基础上，根据不同生态系统类型对不同干扰/压力的敏感性分析，对全球人类活动对近海生态系统的影响程度进行了空间分析（Halpern et al.，2008）。澳大利亚根据生态系统的脆弱性、生态重要性和保护程度，将大堡礁保护区进一步区划为一般使用区、生境保护区、保护公园区、缓冲区、国家公园区和保护区，并对各区内人类活动强度和人类活动的类型都有所限定（Day，2002）。生态系统完整性是生态红线划分的主要依据和目标，但该概念和生态健康一样，是一个模糊的概念。海洋学家提出的海洋空间规划（marines spatial planning，MSP）技术和理论也可为生态保护红线划定提供技术支撑，MSP 强调空间异质性，突出高多样性、高特有性和高生产力的区域，以及产卵地、育苗场、洄游路线中转站在海洋生物多样性保护和生态系统综合管理中的重要地位（Crowder and Norse，2008）。MSP 通过海洋生态系统制图和海域使用区划，协调海域使用冲突，通过管理人类活动来减少人类对海洋生态系统的负面影响，从而保证生态系统完整性（Crowder and Norse，2008）。

生态保护红线划定和管理是我国环保法中的一个制度创新，缺乏国际案例和经验借鉴，但国际上有关自然保护地、国家公园、生态廊道等生态用地的管理模式可为我国生态保护红线管理提供借鉴（表 2-4）。

表 2-4 国外生态用地管理案例

国家	制度/体系	体系构成	管理机构/方法	管理特点	借鉴意义	文献
美国	自然生态系统保护制度	以 6 种保护地为研究对象，以土地利用管理为支撑的自然生态保护体系	设立国家公园管理局，实施联邦、州和地方分级管理	公民参与；保护为主、审慎开发；政府统筹规划监管，指定机构参与；加大资金投入	分级分类管理，明确准入活动类型和强度；实行统一规划管理；健全外部监督	（宋苑，2012；刘冬等，2015）

续表

国家	制度/体系	体系构成	管理机构/方法	管理特点	借鉴意义	文献
印度	自然保护地网络体系	由500余个国家公园和鸟兽禁猎区组成自然保护区网格	联邦政府立法，出台政策和规划，建立保护区网络，引导地方自然保护地划定和管理	建立自上而下的法律保障体系；联邦政府制定总体方案，引导地方政府开展保护；加大资金投入	通过立法和政策引导地方政府开展保护；保护由单一物种、生物多样性扩展至陆地海洋综合生态系统	（Kumar et al., 2010）
欧盟	生态保护地体系	根据IUCN①构建PEBLDS②和绿宝石网络③	建立跨区域组织，收集生态环境信息，资源共享，共同治理环境	划定欧盟自然保护区网络Natura 2000④；在该区域内构建生态廊道，进行地区间、国家间合作	按照地理状况的自然延伸划定生态红线；建立跨地区、跨流域的管理体制；地区资源共享	（张风春等，2011）
日本	生态用地保护体系	以《环境基本法》加强土地利用规划引导	在土地利用规划编制时，颁布全国统一的行为规范	土地利用规划配套法律法规；严格执法	科学规划，制定严格的具有可操作性的配套法律法规	（马敬，2007）

注：①IUCN：世界自然保护联盟（International Union for Conservation of Nature）是世界上规模最大、历史最悠久的全球性非营利环保机构，自然环境保护与可持续发展领域唯一作为联合国大会永久观察员的国际组织。

②PEBLDS：泛欧生态网络（Pan-European Ecological Network，PEEN）1995年欧洲部长级会议在保加利亚首都索非亚召开，55个泛欧洲国家通过了泛欧生态与景观多样性战略（Pan-European Biological and Landscape Diversity Strategy，PEBLDS），并着手建构泛欧生态网络，以生态廊道连结各自孤立的重要生境，使之在空间上成为一个整体，从而有利于物种的扩散与迁徙。

③绿宝石网络：在《欧洲野生生物与自然生境保护伯尔尼公约》（Bern Convention on the Conservation of European Wildlife and Natural Habitats）的基础上发起的，旨在提供一种一般性方法，以在欧洲的非欧盟国家和北非确定和管理与Natura 2000类似的保护区。

④Natura 2000：是欧盟范围内的生态站点网络，旨在保护稀有物种及其生境。Natura 2000网络包括《鸟类指令》（Birds Directive）下的特别保护区（Special Protection Areas，SPAs）和《生境指令》（Habitats Directive）下的特别保护区（Special Areas of Conservation，SACs）。

2.3　生态保护红线划定与管理的基本理论

2.3.1　生态系统服务功能理论

生态系统提供人类赖以生存的环境条件并为人类供给食品、能源及资源等生产生活原料。生态系统服务功能是指生态系统与生态过程所形成的维持人类赖以生存的自然环境条件与效用。20 世纪 90 年代以后，国外生态学家以及生态经济学家进行了大量研究工作，致力提出生态系统服务经济性评估法，量化估算这一服务价值。近些年，生态系统服务功能评估受到中国学者关注，通过功能准确评估，能有效识别生态保护重点区域，可为生态功能定位、主体生态功能区划、生态保护红线划定、生态环境的建设和保护提供重要的科学依据。目前国内外具有代表性的分类体系主要有四种（表 2-5）。

表 2-5　世界上四种主要的生态系统服务分类体系（Costanza et al., 2017）

生态系统服务分类	Costanza et al., 1997（Costanza et al., 1997）	千年生态系统评估（MA）（赵士洞等，2007）	生态系统服务与生物多样性经济学（TEEB）（Potschin, 2018）	生态系统服务的共同国际分类（CICES）（Potschin, 2018）
供给服务	粮食生产 水分供给 原材料 遗传资源	食物 清洁的水 纤维等 观赏性资源 遗传资源 生物化学和天然药材	食物 水 原材料 观赏性资源 遗传资源 药材资源	生物质-营养 水 生物质-纤维 能源或其他材料
调节服务和栖息地服务	气体调节 气候调节 干扰调节（防风暴、防洪） 水分调控（天然防旱与灌溉） 废物治理 侵蚀控制和土壤保持	空气质量调节 气候调节 自然灾害调节 水分调节 水净化和废物治理 侵蚀调节	空气净化 气候调节 扰动预防或调节 水流调节 废物处理（例如：水净化） 防侵蚀	气体和空气流动的调节 大气成分与气候调节 大气和径流流动调节 液体流动调控 废物、有毒物质的净化调节 质量流量调节
支持服务和栖息地服务	土壤形成 授粉 生物防治 营养物质循环 栖息地（迁徙动物的收容所）	土壤形成（支持服务） 授粉 害虫和人类疾病控制 营养物质循环和初级生产（光合作用） 生物多样性	保持土壤肥力 授粉 生物防治 生命周期维护（动物栖息地）	保持土壤形成和组分 生命周期维护（保护授粉） 害虫和疾病控制 生命周期维护、栖息地和基因库保护

生态系统服务分类	Costanza et al., 1997（Costanza et al., 1997）	千年生态系统评估（MA）（赵士洞等，2007）	生态系统服务与生物多样性经济学（TEEB）（Potschin，2018）	生态系统服务的共同国际分类（CICES）（Potschin，2018）
文化服务	休闲娱乐（包括旅游、户外活动）文化（保护美学观赏、艺术、精神体验、教育和科研）	娱乐和生态旅游美学价值文化多样性精神和宗教价值知识体系发展教育价值	娱乐和生态旅游美学信息文化、艺术、设计的灵感精神体验认知发展	户外体验精神或信仰体验智力互动

2.3.2　生态安全格局理论

生态安全的概念起源于环境安全，国际应用系统分析研究所在 1989 年正式提出这一概念（Wang et al.，2003）。生态安全格局的构建与完善是在社会经济发展背景下，针对气候变化和人类活动干扰因素，以关键生态问题为对象，结合不同需求级别下的生态保护和恢复活动，进行生态安全格局评估，设计和构建综合生态安全格局及宏观布局方案。

生态保护红线划定通过生态敏感性评价和生态系统服务功能重要性的评估，识别具有高度生态敏感和重要生态服务功能的区域，结合已有各类法定保护地，形成生态保护红线方案，具有边界清晰、功能明确的特征，是一个高效的保护监管系统。生态安全格局注重区域整体性保护，是由点上单独保护到面上整体保护组成的一个多层次空间生态安全综合保护方案。已有法定保护地是生态保护红线划定和生态安全格局构建过程中重要的支撑部分，生态敏感性评价和生态系统服务功能评估是生态保护红线划定与生态安全格局构建基础和连接的桥梁（图 2-1）。生态安全格局的构建内容涉及土地利用、生态服务功能、生态敏感性、景观

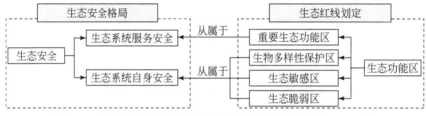

图 2-1　生态安全格局与生态红线划定的关系（袁鹏奇，2019）

格局等多方面的内容，构建过程具有多尺度、多层次的复杂特性，综合性极强。基于生态保护红线划分的生态安全格局建设，能有效保护、恢复和重建自然生态系统的完整性，维持重要生态服务功能的可持续性（徐德琳等，2015）。

2.3.3　生态适宜性评价理论

生态适宜性分析根据规划对象或者评价单元的尺度独特性、抗干扰性、生物多样性、空间效应等，选择自然社会经济因子构建评价指标体系和指标权重，通过建立适宜性指数模型计算适宜性指数，确定评价单元对某种使用方式的适宜性和限制性，进而划分适宜性等级。适宜性分析是空间规划的重要工具，广泛地应用于保护区选址、种（养）殖区区划、环境影响评价、动植物生境适宜性分析和土地利用格局优化中（Liu，2001；史同广等，2007；焦胜等，2013；林勇等，2014）。通过适宜性分析确定不同地域/海域的使用方式，对于解决资源使用冲突、缓解生态环境退化问题和提高区域的生态功能和服务综合价值具有重要意义。

现在适宜性分析已经从简单的多属性单目标（单一使用方式适宜性评价）阶段发展到多目标（多种使用方式综合适宜性评价）整体优化阶段，利用线性或者非线性优化算法，确定研究区域的最优使用方式（Liu et al.，2006），为生态保护红线用地功能的确定和管理提供支撑。

2.3.4　干扰生态学理论

在生态学领域，干扰一般是指能显著改变系统自然格局的离散事件，它导致景观中各类资源的改变和景观结构的重组（马克明等，2004）。自然干扰可以促进生态系统的演化更新，是生态系统演变过程中不可或缺的自然现象。但是，人类干扰或人类干扰诱发的自然灾害却成为区域生态环境恶化的主要原因。生态系统退化的程度与人为干扰状况（即干扰的强度、时间和频度）有关。停止干扰后生态系统有自动恢复的功能，但其能力是有限的，退化生态系统自身能否恢复及恢复的速度与所经受的干扰强度和时间长度有关。改变人为干扰的机制，减少退化生态系统的外部干扰压力，有利于退化生态系统的恢复（林勇等，2004）。

在景观生态研究中，非常强调自然干扰机制的保持，人类活动带来一系列的生态、环境问题在很大程度上与人类活动改变了自然干扰机制有关，而自然干扰机制是景观或区域内一些生态功能和过程正常运行的前提和基础。把人类活动对某些自然干扰的影响减少到适当的程度是实现景观功能优化的重要措施。如在河流景观中，河流和冲击滩是通过洪水联系起来的，很多生态过程的速率和发生时间取决于洪水的脉动规律。而河道取直、堤坝建设、硬质堤岸等人为活动改变了洪水的自然干扰模式，结果引起景观功能的退化和生物多样性的丧失。将干扰生态学理论结合到生态红线划分中，注意保持和维护自然干扰机制，减少人为干扰的不利影响，有助于提高生态红线划分的科学性。

2.3.5 生态敏感性理论

生态敏感性指生态系统对人类活动干扰和自然环境变化的反应程度，表明了区域生态环境问题发生的难易程度和可能性（欧阳志云等，2000）。国内早期对生态敏感性的研究多集中在某一生态问题或国家尺度上（刘康等，2003），研究内容为单一生态问题（刘耀龙等，2009），而后逐步拓展到区域、省市层面，呈现出由从单一问题研究向综合研究发展的趋势。生态敏感性评价通过选定生态环境因子、评定权重、评价生态环境质量等步骤建立生态敏感性指标体系（杜婕和韩佩杰，2018；颜磊等，2009），以此作为预防和治理生态环境退化的科学依据（武鹏达等，2016）。

经过近 20 年的发展，生态敏感性评价已经广泛应用于土地生态敏感性评价（汤峰等，2018；刘智慧等，2014）、生态功能区生态敏感性评价（刘军会等，2015；李东梅等，2010）、生态敏感区划定（潘竟虎和董晓峰，2006）、流域生态敏感性评价（刘春霞等，2011；王兰化和张莺，2011）等方面，相关理论和技术方法可为红线划定提供依据。

2.3.6 环境风险管理理论

环境风险是指自然环境受到潜在危害的可能性，它包含风险产生的可能性和导致危害的严重性（韩利琳，2009）。环境风险管理，是指依据自然环境风险评价出来的结果，参照恰当的规范，采用科学的控制手段，分析如何降低环境风险的成本，明确能承受的风险程度及损害水平，综合分析各种因素，决定恰当的管理保障措施后采取行动，减小或彻底消除事故发生的可能性，保证人类与自然生态环境的健康发展。从根本上来说，环境风险管理就是决策者综合目前的社会、经济、科技及自然环境状况，衡量社会、经济发展与自然环境保护三者之间的关系，从而作出决策。

环境风险管理是提前预防或避免未来可能发生的环境危险，它要求放弃短期或目前显现的利益，而追求长期或未来的利益。运用环境风险管理理论可以更明确地分析自然环境遭受损害的可能性，并根据其结果指导生态保护红线划定，以平衡社会发展与自然环境保护之间的关系。生态保护红线制度在建立和实施时都需要进行自然环境风险评估，决策者根据其结果，减少或者避免发生风险事故的可能性，保障人类健康发展以及自然生态系统的安全。

2.3.7 生态承载力理论

最早来自生态学领域的生态承载力理论，是为了测量生态系统的健康状况以及环境生态容量的各项指标而提出的，用来明确在生态系统受到人类活动或者其他自然因素的影响时，其可以承受的风险范围。自然生态系统是个复杂的系统，它的运行是通过正常的能量流动和物质循环来保证的，通过二者的相互作用建立起稳定的系统，但这个稳定是有一个度的，会有一个"阈值"出现，当系统的承载力超出这个阈值后，整个有机系统就会发生巨大变化，系统会失去自我恢复能力，自然生态状况将呈现向下的螺旋发展趋势（王永杰和张雪萍，2010）。

生态红线中的生态承载力指在一段时间范围内，生态红线区域的自然生态系统在保证其系统功能稳定运行的前提下，所能承受的来自人类行为和自然因素影响的范围。在生态红线区域内的生态系统保护中，应当先研究其承载力的状况，并根据研究结果来认识区域内部生态系统的健康状况，对承载过重的地区采取必要措施，减少外界滋扰，进行生态恢复，以保障生态系统的正常维持。

2.3.8 城市增长边界理论

城市增长边界（urban growth boundary，UGB）是世界各国控制城市蔓延、实现城市精明增长的一种空间管理工具（谭荣辉等，2020）。西方发达国家的城市规划实践证明，生态安全格局与城市增长边界及城市蔓延有着极其密切的关系，生态安全格局的构建是实现城市精明增长和建设环境友好型城市的重要途径。

目前中国学者对城市增长边界的深化理解尚未统一，不同角度对应的理解主要可分以下三类：第一类将城市建设开发用地边界内涵视为狭义的城市增长边界，明确城市扩张边界划定城市建设用地范围，即阶段性城市增长用地范围；第二类从反规划理念出发，优先划定生态保护红线，除去郊野地带及生态空间（森林、水域、基本农田等）不可建设用地，反向推导城市开发边界；第三类将城市增长边界视为弹性发展的管控空间，此类增长边界包含既有建设用地及未来增长需要预留的空间，是依据城市增长不断调整的弹性动态空间（戴湘君和许砚梅，2021）。其中第二类理解是基于生态保护红线的反规划理念的边界划定，以底线思维，从非建设用地的角度出发，以保护生态环境与可持续发展为导向，基于生态敏感性评价，排除因生态环境敏感或建设条件有限等原因造成的不宜建设区域，然后对城市增长边界进行划定（周锐等，2014）。

2.3.9 国土空间规划理论

有关国土空间规划实施最早可追溯到 1935 年我国地理学家胡焕庸提出的"胡焕庸线"（胡焕庸，1935），该线探究了国土开发与人类活动在空间上的集聚分布规律。1949 年中华人民共和国成立后，优化国土空间格局、规范国土空间开发秩序的理念一直贯穿着整个国民经济与社会发展过程。基于国家政策文件出台与实施，我国国土空间规划经历了"萌芽阶段—逐步成型阶段—试点探索阶段—发展完善阶段"四个阶段（陈磊和姜海，2021）。

国土空间规划是优化生态环境保护、保障粮食安全、促进国土资源集约利用的国家意志导向，是推进生态文明建设的关键举措。我国经济已由高速增长阶段转向高质量发展阶段，城市发展进入转型期，面对我国庞杂的规划体系，如何将其有效整理并运用于城市规划，如何科学进行国土空间规划成为目前城市发展过程中面临的重要问题。2018 年，我国第十三届全国人民代表大会表决通过了中华人民共和国自然资源部的设立。该部门综合承担多个部门职能，具备行使国土空间规划中土地用途管制和生态保护修复职责的权利，实现了"多规合一"的规划思想（蔡如鹏，2018）。

在此基础上，国务院办公厅分别针对关于生态保护的生态红线，关于耕地保护的永久基本农田，以及关于城市建设的城镇开发边界三条控制线的划定出台了新的指导意见。意见中要求落实生态保护和耕地保护制度，划定城市开发不可逾越的红线，该举措统筹推进国土空间规划进入新时代。因此，平衡城市发展和生态环境保护，科学划定城市开发边界对城市发展具有重要意义，尤其是在控制城市无序蔓延、引导城市发展方向等方面扮演着重要角色（钟珊等，2018）。

第3章 国内外生态保护红线划定和管理实践

3.1 国外生态空间划定与管理经验借鉴

3.1.1 美国马里兰州绿色基础规划

1. 概况

2001 年起美国马里兰州通过绿印计划识别辖区内绿色基础设施中最有价值生态区域。马里兰州绿色基础设施规划主要基于 GIS 数据平台和已有资源评估数据库,借助 GIS 技术优势,实现基础设施根据生态系统属性的数字化管理。随后马里兰州建立绿色基础设施图集,对全州绿色基础的生态重要性与建设风险进行排序。

2. 借鉴启示

生态保护红线的划定过程中,通过 GIS 及其他空间技术管理手段,开展生态调查与数据管理,可为生态保护红线划定与督管带来以下便利,一是规范前期数据质量,为调用数据提供便捷途径;二是成果可视化程度高,方便技术人员与管理部门应用。生态保护红线斑块类型多样,应形成差异化策略的保护管理规则,保障受保护区域的主导生态功能。

3.1.2 美国波特兰的城市增长边界

1. 概况

20 世纪 90 年代初期美国波特兰颁布了《2040 区域规划》,规划确定在农田与森林保护的基础上,划定城市增长边界。波特兰城市增长边界有效实施得益于相配套的征地保护政策。波特兰大都市政府建立基金收购边界周边的自然土地，征收回的自然土地用专用资金开展生态恢复。

2. 借鉴启示

城市增长边界或生态保护红线划定后，需要根据生态空间内部与周边用地的监管需要，制定相应的政策保障，对于生态空间内部的合法建设项目、居民点等，应实施生态补偿政策。因此，通过生态保护红线监管专项资金或生态补偿专项资金，建立生态补偿机制（规定补偿对象、补偿方式、补偿标准），对推进生态红线的划定和管理具有重要保障作用。

3.1.3　新加坡绿色及网络规划

1. 概况

2002 年，新加坡制定了"公园、水体规划及个性规划"，充分合理地利用了大部分的自然开敞空间资源，通过绿化廊道串连所有的城市公园，形成连续一体的绿色空间。新加坡的城市规划体系、土地利用规划与城市绿地系统规划之间的紧密衔接，将城市绿地系统规划贯穿于城市规划体系的各个阶段。土地利用规划对自然开敞空间的保护与控制，保证了新加坡在经济持续发展的要求下，花园城市的生态空间免遭蚕食（谢华，2000）。

2. 借鉴启示

生态保护红线划定必须强化不同部门之间的协调，坚持生态优先原则，加强其他规划与生态保护红线之间的协调融合。在充分协调融合现行不同类型保护线的基础上，充分考虑生态保护红线与国民经济发展规划、城市规划、土地规划及其他同层次的专项规划的相互协调与衔接。

3.2　国内生态空间划定与管理经验

3.2.1　国家生态保护红线划定和管理

1. 概况

2011 年，《国务院关于加强环境保护重点工作的意见》（国发〔2011〕35

号）明确提出，在重要生态功能区、陆地和海洋生态环境敏感区、脆弱区等区域划定生态红线。这是我国首次在国务院文件中出现"生态红线"概念并提出划定任务。

为落实国家生态红线划定工作，国家先后多次修订和印发生态红线划定技术指南，组织全国各地开展生态保护红线划定。2014 年，环保部印发《国家生态保护红线——生态功能红线划定技术指南（试行）》（环发〔2014〕10 号），经过一年的试点试用、地方和专家反馈、技术论证，形成《生态保护红线划定技术指南》（环发〔2015〕56 号）并印发。2017 年，环境保护部与国家发展和改革委员会印发了《生态保护红线划定指南》（环办生态〔2017〕48 号），形成了较为完善的生态保护红线划定方法，生态保护红线划定和勘界定标技术流程如图 3-1所示。

自 2017 年中央发布《关于划定并严守生态保护红线的若干意见》以来，各地区、各部门认真贯彻落实党中央、国务院决策部署，国家层面不断完善生态保护红线的顶层设计，地方各级党委和政府切实履行划定并严守生态保护红线的主体责任，生态保护红线工作取得积极进展，各省（自治区、直辖市）生态保护红线已经完成划定，经国家有关部委技术审核后报国务院批准。

国家生态保护红线监管平台也已启动建设。2017 年 10 月，国家发展和改革委员会正式批复国家生态保护红线监管平台项目，总投资 2.86 亿元，总建筑面积约 1 万 m²。国家生态保护红线监管数据库已完成设计，录入数据四类67 种，数据总量 23.6TB。部分成果在"绿盾 2017"国家级自然保护区监督检查专项行动中得到了查验和运用。制定生态保护红线配套管理政策，明确生态保护红线管控要求、管理原则和监管框架等。在全国各省（自治区、直辖市）政府生态红线的基础上，形成生态保护红线全国"一张图"。制定《生态保护红线勘界定标技术规程》，开展试点，打桩定界，树立标识标牌。除了环保部门开展的实践之外，水利部、国家林业局、国家海洋局等相关部门也开展了大量研究和实践。

2. 借鉴启示

《生态保护红线划定指南》（环办生态〔2017〕48 号）经多次技术研讨、科学论证、试点验证、征求意见等工作，是目前国内生态保护红线划定最为权威的技术导则，全国各省、自治区、直辖市开展的最新一轮生态保护红线划定，主要依据该指南；指南中的生态功能重要性评估、生态敏感性评估、生态保护红线勘界等技术方法，可为生态保护红线划定和边界的精准化提供良好的技术支撑。佛山市顺德区生态保护红线划定工作完成于 2016 年，重点参考了

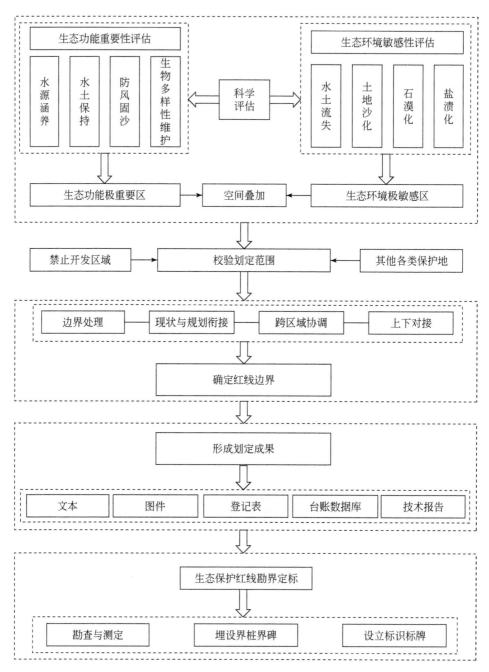

图 3-1　国家生态保护红线划定和勘界定标技术流程

《生态保护红线划定技术指南》（环发〔2015〕56 号）相关技术流程与方法。

3.2.2 广东省生态严控区的划定和管理

1. 概况

2005 年，广东省印发《珠江三角洲环境保护规划纲要（2004—2020 年）》（粤〔2005〕16 号），提出了"红线调控、绿线提升、蓝线建设"三线调控的总体战略，首次在环境保护工作领域提出生态红线概念。2006 年，广东省印发实施了《广东省环境保护规划纲要（2006—2020 年）》，在《珠江三角洲环境保护规划纲要（2004—2020 年）》的基础上，划定了全省陆域严格控制区和近岸海域严格控制区。

广东省划定陆域严格控制区总面积 32320km²，占全省陆地面积的 18.0%。近岸海域严格控制区总面积约 959.9km²，占全省近岸海域面积的 13.7%。陆域及近岸海域严格控制区内禁止所有与环境保护和生态建设无关的开发活动。陆域严格控制区内要开展天然林保护和生态公益林建设，保护原生生态系统、珍稀濒危动植物物种及其生境；近岸海域严格控制区内禁止设置排污口，同时要加强海洋生态环境保护，加快红树林生态恢复，保护珍稀濒危海洋生物，避免开设航道和旅游线路。

2. 借鉴启示

广东省为加强生态严格控制区的管理，印发了《广东省环境保护厅关于规范生态严格控制区管理工作的通知》（粤环 2014796 号），对严控区的管理、调整和项目建设提出明确要求。明确各地要从严落实"严格控制区内不得进行与环境保护和生态建设无关的开发活动"的要求，原则上不得对生态严格控制区进行调整。对列入国家和省重点项目名录的重大基础设施项目，因工程和自然条件限制确实需要调整或穿越生态严格控制区的，应当委托具备环评或工程咨询资质的单位编制可行性研究报告，开展项目的科学性、唯一性、生态影响、生态保护措施可行性等方面的论证。可行性研究报告经省环保部门指定单位组织专家评估并修改完善后，由地级以上市政府上报省政府。广东省生态严控区的管理方法，提出了建设项目管理审批流程，明确了生态严控区调整的要求和工作组织方式，为生态保护红线的管理提供了支撑。

3.2.3 江苏省生态保护红线区域保护规划

1. 概况

2012 年 5 月，江苏省启动了重要生态功能保护区规划修编工作，并更名为"江苏省生态保护红线区域保护规划"。经过反复研究和多次征求意见，2013 年 8 月，江苏省人民政府正式印发了《江苏省生态保护红线区域保护规划》（燕守广等，2014）。

根据江苏省自然地理特征和生态保护需求，并结合全省和各地区国民经济发展规划、主体功能区规划、环境保护规划和各部门专项规划等，划分出 15 种生态保护红线区域类型，如自然保护区、风景名胜区、森林公园、地质遗迹保护区、湿地公园、饮用水水源保护区、海洋特别保护区、洪水调蓄区、重要水源涵养区、重要渔业水域、重要湿地、清水通道维护区、生态公益林、太湖重要保护区、特殊物种保护区等生态保护红线区域。同时，明确各市生态保护红线内的保护区规模（表 3-1），编制各市生态保护红线区域名录，提出相对应的生态区块主导服务功能以及一级、二级管控区范围，自上而下推动生态保护红线划定区块落地执行。

表 3-1 江苏省陆域生态保护红线区

地区	土地面积 /km²	生态保护红线 总面积/km²	一级管控区面积 /km²	二级管控区面积 /km²	比例 /%
南京	6587	1455.04	372.61	1082.43	22.09
无锡	4627	1327.34	72.02	1255.32	28.69
徐州	11258	2093.60	211.08	1882.52	18.60
常州	4385	905.71	68.88	836.83	20.65
苏州	8488	3205.52	141.76	3063.76	37.77
南通	8001	1514.25	196.42	1317.83	18.93
连云港	7615	1672.44	64.73	1607.71	21.96
淮安	10072	2120.74	377.79	1742.95	21.06
盐城	16932	3686.89	941.20	2745.69	21.77
扬州	6591	1325.20	150.83	1174.37	20.11
镇江	3847	723.83	86.20	637.63	18.82
泰州	5787	1043.01	57.75	985.26	18.02

地区	土地面积 /km²	生态保护红线 总面积/km²	一级管控区面积 /km²	二级管控区面积 /km²	比例 /%
宿迁	8555	1766.01	367.16	1398.85	20.64
合计	102745	22839.58	3108.43	19731.15	22.23

2. 借鉴启示

江苏省是我国率先实施生态保护红线规划的省份之一，其规划内容与推动方式可为本次规划提供两点借鉴：一是江苏省生态保护红线划定建立了较为完整的红线区域类型体系；二是提出地市行政管理单元应划定的生态保护红线规模，并制定生态保护红线区域名录，保证规划自上而下的传导实施。

3.2.4　南京市生态保护红线区域保护规划及管理

1. 概况

2013年，南京市编制《南京市生态保护红线区域保护规划》。该规划以落实和细化《江苏省生态保护红线区域保护规划》为基础，构建南京市生态安全格局。南京市在继承《江苏省生态保护红线区域保护规划》的总规模与布局基础上，同时细化上级规划，建立各区的生态区域名录。该规划提出各区为本辖区内生态保护红线区域实施保护的责任主体，对生态保护红线区域保护、监督管理和评估考核负总责。

2. 借鉴启示

规划在编制过程中注重传导上下层规划的关系，继承上层规划，确定生态保护红线规模、布局，判别划定结果的正确性，明确区县政府的管理名录和监管任务，为各区县生态保护红线管理考核提供基础。

3.2.5　深圳基本生态控制线

1. 概况

2005年深圳市政府划定并颁布《深圳市基本生态控制线》，并依照该规划出台《深圳市城市基本生态控制线管理规定》，随后颁布《关于执行〈深圳市基本生态控制线管理规定〉的实施意见》和《深圳市基本生态控制线局部优化调整草案》。深圳市基本生态控制线逐渐成为深圳市最高层次规划，与《深圳市城市城镇体系规划》处于同一规划层次（吴健生等，2012）。

2. 借鉴启示

深圳市以政府法令形式公布非建设用地的底线范围，逐步提出关于生态控制线的实施意见与草案，生态控制线的法律地位与重要性得到不断提升，已经成为深圳最重要的规划之一。将生态保护红线规划作为其他规划与政策实施的前置条件，保障了生态保护红线规划与策略的贯彻落实。

3.3　生态保护红线划定与管理面临的挑战

3.3.1　生态服务功能评估与风险识别还需因地制宜

中国地域面积广大，不同地区自然资源（水资源、土地资源、矿产资源、生物资源等）禀赋、生态环境背景（地形地貌、气象气候、土壤、植被等）差异极大，且经济社会发展历史、现状及未来发展规划各具特色。造成生态资源性质改变、质量降低、功能减弱的原因也非常复杂，可能是自然原因（如自然环境背景，地质、气象等自然灾害，全球气候变化等），也可能是人为原因（如生态破坏、环境污染、物种多样性减少等）（曹玉红等，2008）。因此，在开展生态服务功能评估与生态风险识别时需要因地制宜，结合当地的生态服务功能需求与生态环境问题，确定评估内容与对象。

3.3.2　特殊功能的生态用地需要加强保护

国家和区域尺度生态保护红线的划定大多从国家和区域生态服务需求出发，开展评估和红线划定。由于数据匮缺，部分省（自治区、直辖市）在生态保护红线划定时，将现有的重要/重点生态功能区、自然保护区、风景名胜区等简单叠加（江波等，2019），形成生态红线。在市县层面，对没有达到国家红线保护级别，但对提高当地生物多样性，缓解城市热岛、内涝、面源污染等具有重要支撑作用的绿地、河流、湿地等，保护力度相对薄弱（江波等，2019）。

3.3.3　生态保护红线划定的精准度还需提升

在生态保护红线划定过程中，宏观、中观、微观尺度研究技术手段需要相互结合，增进空间制图的精准度，以提升生态安全问题解决对策的科学性。区域内生态安全问题类型及其属性特征和空间分布格局，是宏观、中观、微观空间尺度内自然生态环境因子与人类经济社会活动共同作用的结果（范小杉和何萍，2017）。生态保护红线划定与精准化勘界过程中，需要多尺度研究技术手段相结合，以获得更全面和有效的数据信息（范小杉和何萍，2018），避免精细度与精准度不足在生态安全问题空间区划、生态保护红线现场勘界、生态保护红线管理等工作中遗留问题（莫张勤，2016）。

3.3.4 生态保护红线管理法律法规有待完善

目前，我国与生态保护红线相关的法律法规众多，包括《环境保护法》《国家安全法》《水土保持法》《土地管理法》《水法》《草原法》《森林法》《自然保护区条例》《风景名胜区条例》《森林公园管理办法》等。现行法律法规体系类型众多，而国家层面的生态保护红线管理办法和标准还有待完善，只有部分地区试行地方生态保护红线管理办法，导致各个生态保护地执法和自然资源的执法边界模糊，执法过程中相互之间容易产生交叉重叠的管理内容，也存在法律无法完全覆盖的"灰色地带"无法可依。如对于自然保护区的违法用地行为，有的地方出现多部门同时执法，也有的地方出现各部门都不执法管制的现象，形成执法"真空"（王焕之等，2020）。

3.3.5 生态保护红线管理部门协同不足

我国对于生态用地的保护虽然也遵循整体性和全面性的原则，已建立的各类自然生态保护地（区）有自然保护区、森林公园、风景名胜区、地质公园、湿地公园、海洋保护区（含海洋公园）、水利风景区等。但整体而言，由于我国不同类型的生态保护用地政策的制定与管控由不同部门进行，缺乏统一的标准与管理依据，因而现行各类生态保护用地存在明显的交叉与遗漏，给后续管理造成了许多阻碍（王焕之等，2020）。我国各类保护地归属自然资源、林草、农业农村、生态环境等多部门管理，存在不同部门在同一区域建立多个不同类型的自然生态保护地的情况。空间上交叉重叠现象较为严重，造成了保护地管理措施混乱复杂、各自为政、重复执法的情况，彼此难以协调；保护与开发矛盾突出，严重影响了保护成效，使得生态保护红线划定与资源利用联系不紧密，生产空间、生态空间和生活空间没有形成合理的协调关系，综合效益无法达到最优。

3.3.6　生态保护红线管理的刚性与弹性难以把握

　　对生态用地的保护是一个动态的过程，受市场经济、技术水平等的影响，且生态系统自身具有动态平衡和自我调节能力，因此保护应该兼具刚性和弹性。一方面，生态保护红线是保证生态安全的底线，必须坚守"底线原则"，明确生态保护红线的刚性特征，对生态空间范围进行强制性控制，保证生态空间功能的系统性和完整性，确保生态功能不降低、面积不减少、性质不改变。另一方面，高度城镇化地区，建设活动频繁，部分基础设施建设活动，如水利设施、电线管网布设、绿化工程等并不一定对生态服务功能造成影响，在确保生态空间系统性、完整性和生态功能不降低、面积不减少、性质不改变的前提下，生态保护红线内的自然资源如何开发与利用，基础设施建设如何控制好弹性，是生态保护红线管理面临的重要议题。

| 第 4 章 | 佛山市顺德区生态服务功能评价与安全格局构建

4.1 研 究 背 景

4.1.1 佛山市顺德区生态用地保护面临巨大挑战

1. 快速城镇化和经济发展导致生态用地被不断侵占

改革开放以来，顺德区城镇化水平快速提高，经济迅速发展。1980 ~ 2014 年，城镇面积扩张 1.24 倍，占全区土地面积的比重由 21.14% 上升至 47.40%。城镇用地增长的同时，湿地和农田等生态资源用地面积急剧减少。顺德区在撤市设区后，又被列入广东省首个省直管县试点。未来一段时间内仍将是顺德区推进新型城镇化、新型工业化的关键时期，产业发展和新型城镇化将对全区资源环境构成巨大压力。生态用地资源稀缺，长期高投入导致现有生态用地储备量已接近或超过生态警戒线，全区可用于开发建设的生态用地资源枯竭。顺德区亟待构建集约有序的空间发展秩序，处理发展与生态保护之间的关系，为促进经济、社会、生态和谐可持续发展奠定物质空间基础。

2. 特色生态资源的保护压力大、生态风险高

历史上，顺德区存在大量集中连片的桑基鱼塘、果林、花卉等渔业和农业生产区，具有独特的岭南水乡风貌。由于建设用地对生态用地的侵占，特别是对平原水网地区基塘湿地的直接侵占，水陆生态过渡带的自然过程被人为地破坏，城市生态系统缺少连贯性及系统性。部分绿地生态斑块孤立存在，缺乏必要的生态走廊提供生物间的基因交流，甚至导致部分斑块的萎缩，并直接影响到生物群落的类型和分布。最明显的特征是大中型兽类在顺德区已基本绝迹，鸟类的数量和类型也明显减少。龙江、龙山、容奇、桂洲等水乡古镇已为现代化的城镇所取代，顺德仍存水乡风貌的多为水乡古村，但水乡古村景观同样受到水体污染和大气污染的威胁。未来

如何创造条件，在保障水乡基底的量和质不改变甚至提升的情况下，实现区域生态可持续发展仍将是顺德区面临的重大现实问题。

3. 生态用地的保护缺乏统一的保护标准和制度

顺德区针对生态用地的保护，缺乏地方保护管理办法。现有生态资源环境的管理仍是按照环境要素进行划分，生态环境的保护涉及生态环境、自然资源等相关管理部门，造成多头管理、权责不清的局面，难以实现环境管理的整体性和系统性。如自然资源国土部门和生态环境部门各自制定生态保护红线，但缺乏统一的协调机制，职责边界和分工不清、可能导致多头监管。此外，由于基础数据匮缺，生态环境、自然资源、住建城乡部门使用的生态用地空间边界信息精准度不一致、数据共享不及时、交流不通畅，难以实现高效对接。

4.1.2 佛山市顺德区在全国率先开展全流程生态保护红线划定与管理

1. 顺德区高度重视生态文明建设

近年来，面对顺德区在高速发展过程中出现的一系列生态环境问题，顺德区区委区政府高度重视，提出顺德区在经济发展、城市建设的过程中，要高度重视生态文明建设。2014 年 4 月，顺德区政府同广东省环境保护厅签约共建生态文明示范区，成为广东省首个共建示范区。划定和开展生态保护红线管理，成为顺德区生态文明建设的重要抓手。

2. 顺德区在广东省率先开展生态保护红线划定与精准化勘界

2014 年，顺德区组织研究单位开展生态保护红线划定研究，2016 年 2 月 29 日，顺德区人民政府印发实施《佛山市顺德区生态保护红线规划（2014—2025)》，是广东省实施《珠江三角洲环境保护规划纲要（2004—2020)》以后首个划定生态保护红线的县级政府。2019 年，顺德区组织开展了《佛山市顺德区生态保护红线精准化勘界》工作，为实现生态保护红线的精准化落地，确保红线划定成果在各街镇和相关部门的电子化无缝对接，以及实现精确管理提供了有效支撑。

3. 顺德区在全国率先研究出台地方生态保护红线管理办法

为了加强生态保护红线的管理，建立统一的生态保护红线管护标准和制度，在缺乏相关上位规划和政策的背景下，顺德区组织研究编制了生态保护红线管理办法。2019年10月8日，佛山市顺德区人民政府印发《佛山市顺德区生态保护红线管理办法（试行）》，并明确了区人民政府、各街镇以及相关部门的保护、管理、监督责任，以及生态保护红线的管理审批流程等管理要求。

顺德区根据自身生态环境的特征和生态需求，在全国生态保护红线划定之前，率先开展生态保护红线划定、勘界定标、管理办法编制研究，推进典型高度城镇化地区生态保护红线的划定和管理，既符合当地的内在生态需求，又对全国生态保护红线划定工作具有重要示范作用。

4.2　研究区概况

4.2.1　地理位置

佛山市顺德区位于广东省南部、珠江三角洲中部平原，珠江口西岸，北邻广州，西北方为佛山市中心，东连番禺，北接南海，西邻新会，南接中山市，距广州32km、香港127km、澳门80km。地理坐标为北纬22°40′~23°20′，东经113°1′~113°24′。行政区面积为806.60km²。顺德区现下辖4个街道和6个镇，分别是大良街道、容桂街道、伦教街道、勒流街道和北滘镇、陈村镇、乐从镇、龙江镇、杏坛镇、均安镇，包括96个社区居民委员会和108个村民委员会。

4.2.2　自然条件

1. 气候特征

顺德地处珠江三角洲腹地，绝大部分地区位于北回归线以南，气候类型为南亚热带海洋性季风气候，温暖多雨。顺德全年无霜期达350天以上，降水充沛。年降水量在1600mm以上，少有冰雹，终年无雪。降水有明显的季节变化，主要集中在4~9月，约占全年降水量的80%，尤其在夏季，常常伴随着台风登陆出现大雨到特大暴雨的降水过程。因而，洪、涝、旱是影响顺德区的主要自然灾害。冬季的寒潮及早春的低温阴雨也对农业生产造成一定的影响。此外，对顺德影响较大的还有台风带来的风灾，平均每年要受2~3次台风带来的狂风侵袭，多集中于7~9月，风力可达12级以上。

2. 水文水资源

顺德境内河流纵横、水网交织，可利用水资源量较为丰富（图4-1）。主要河

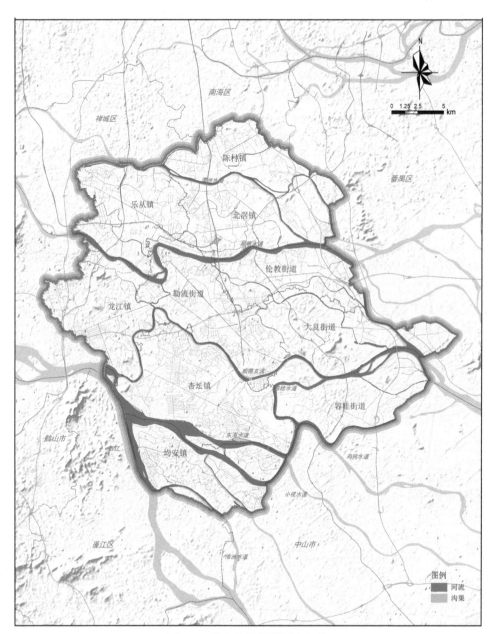

图4-1　佛山市顺德区河流水系

道有西江干流、平洲水道、眉蕉河、南沙河等 16 条段，总长 756km，依地势从西北流向东南，河面宽度一般为 200~300m，水深 5~10m。受洪水和潮汐影响，每年 4~9 月为洪水期，其余时间属枯水期，最高水位可达 6.32m，大多数时间的水位在 0~1m 幅度内波动。

根据顺德区 2001~2013 年的《顺德区水资源公报》，顺德区 2001~2013 年平均水资源总量为 6.33 亿 m³。其中，以地表水资源为主，地表水资源量占水资源总量的 90% 以上，顺德区平均地表水资源量为 6.06 亿 m³。

3. 土壤与植被

顺德区土壤共分 3 个土类，5 个亚类，9 个土属，18 个土种。3 个土类为水稻土、基水地（人工堆叠土）和赤红壤。除少数山丘外，绝大部分为冲积土壤，富含各种有机物质，适宜农作物生长（图 4-2）。

赤红壤的成土母质为红色砂页岩，面积有 3146hm²，占全区耕地总面积的 10.84%，部分为洪积赤红壤。主要分布于陈村镇的西岭岗，北滘镇的都宁岗，均安镇的低丘，大良镇的顺峰山及苏岗，龙江镇的锦屏山、天湖山、大金山，容桂镇的乌岗。因淋溶作用强烈，山地赤红壤酸碱度均呈较强的酸性（水液 pH 为 3.60~4.70）。可溶性盐分和石灰质等流失较多，速效氮、磷、钾含量均较低，尤其缺磷和钾。由于原生群落植被破坏严重，现有群落土壤多为薄有机质层的薄土层土壤，少数为中土层土壤（均安镇），有机质含量多在 2% 以下。

顺德区地带性植被为季风常绿阔叶林，有着种类繁多的物种资源和丰富的生物多样性。20 世纪 80~90 年代以前，由于人为干扰和破坏，森林植被毁坏严重。但近年来，顺德区结合本地实际，通过"见缝插绿""见空增绿"的做法不断提升绿化质量和水平；通过"森林进城""围城工程"不断加快城市和社区公园建设，努力增加森林覆被面积，初现"城在林里，林在城中"的景象。森林群落生物多样性持续增加，20 世纪人工种植的台湾相思与湿地松群落生物多样性逐渐增加，逐步向着地带性常绿阔叶林群落演替；针阔混交林和阔叶混交林生物多样性逐渐增加，正向演替趋势较为明显（邹文涛等，2006），生态服务功能持续增强。

4.2.3 社会经济概况

顺德是中国改革发展的探路先锋，多次担当改革探索重任。20 世纪 80 年代，顺德逐渐成为全国县域经济发展的排头兵，率先创立经济发展的"顺德模式"；90 年代，率先推进以产权制度改革为核心的综合配套改革，建立起适应市场经济

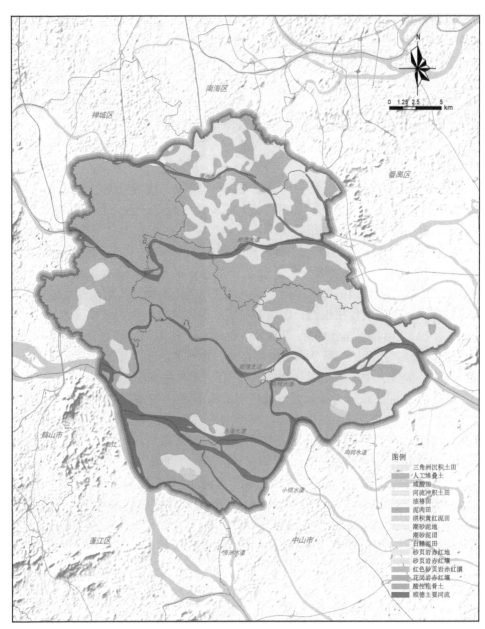

图 4-2　佛山市顺德区土壤类型

发展的企业产权制度和服务型政府。21世纪以来，顺德积极引进和培育战略性新兴产业，确定新型电子信息、新能源、新材料、环保装备、生命医药、物联网等作为战略性新兴产业发展方向，成为全国首个也是唯一的国家级装备工业两化融合暨智能制造试点。近年来，连续多次被评为全国综合实力百强区第一名，被誉为"广东银行"。

顺德区劳动密集型加工制造业及外向型经济的快速发展极大地促进了大量人口向顺德区迁移。截至2014年，顺德区总人口为251.0万人，户籍人口127.1万人，人口自然增长率为5.87‰，人口密度3112人／km²。近年来，顺德区总人口数量呈现波动上升的趋势。2014年较2006年增加了9.33万人，增长率为7.92‰。2008年以后，顺德区总人口出现一定程度的下降，主要原因是2008年的金融危机导致大量企业倒闭，进而引起外来务工人员为主的暂住人口减少（图4-3）。

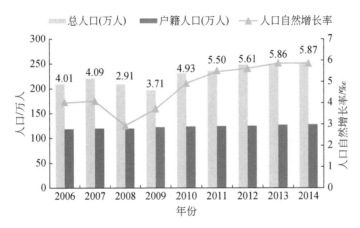

图4-3　2006～2014年佛山市顺德区人口变化图

2014年顺德区生产总值（GDP）2764.98亿元。其中，第一产业增加值43.92亿元，第二产业增加值1453.44亿元，第三产业增加值1267.62亿元，三次产业结构为1.6∶52.6∶45.8。1992～2008年，在工业高速发展的带动下，GDP和第二产业平均增速超过20%；2008年以后，受国际金融危机影响，GDP平均增速仅为10.11%，第二产业平均增速低至6.75%（图4-4）。

全区三次产业结构不断调整优化，第一产业占比不断下降，第三产业占比持续升高，第二产业持续保持较高水平。2008年以前，第二产业占比不断增加，达到64.8%；2008年以后，第二产业占比不断下降，第三产业占比持续增加（图4-5）。

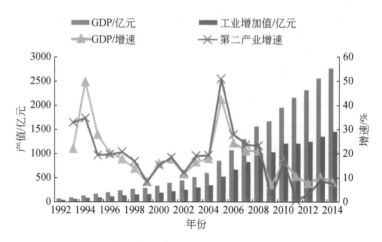

图 4-4　佛山市顺德区 GDP 和第二产业增长趋势

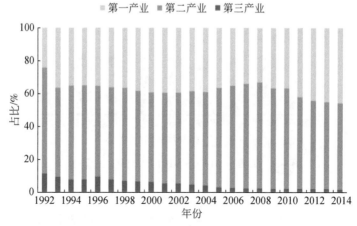

图 4-5　佛山市顺德区三次产业结构变化

4.2.4　土地利用现状

顺德区土地由珠江河网平原区及零星分布的小山丘组成，土地总面积 80657.39hm²。其中，农用地面积为 31382.74hm²，占全区土地总面积的 38.91%；建设用地面积为 40410.45hm²，占全区土地总面积的 50.10%；未利用地面积为 8864.20hm²，占全区土地总面积的 10.99%（表4-1）。

表4-1　佛山市顺德区 2014 年现状用地汇总表

大类名称	小类名称		面积/hm²	小计/hm²	占比/%
农用地	耕地		1201.13	31382.74	38.91
	园地		3714.75		
	林地		1610.11		
	其他农用地		24856.75		
建设用地	居民点及独立工矿用地		36476.65	40410.45	50.10
	交通运输用地		3933.80		
其他土地	其他土地		8298.13	8864.20	10.99
	其中	河流水面	7647.18		
		内陆滩涂	650.95		
	未利用土地		566.08		
	其中	裸地	22.63		
		其他草地	543.45		

2014 年全区农用地总面积为 31382.74hm²，占土地总面积的 38.91%。其中，耕地面积为 1201.13hm²，园地面积为 3714.75hm²，林地面积为 1610.11hm²，其他农用地面积为 24856.75hm²（主要是坑塘水面），分别占农用地面积的 3.83%、11.84%、5.13% 和 79.21%，区内无牧草地。

2014 年全区建设用地总面积为 40410.45hm²，占土地总面积的 50.10%。其中，居民点及独立工矿用地面积为 36476.65hm²，交通运输用地面积为 3933.80hm²，分别占建设用地总面积的 90.27% 和 9.73%。

2014 年全区其他土地面积为 8864.20hm²，占土地总面积的 10.99%。其中河流水面面积为 7647.18hm²，内陆滩涂面积为 650.95hm²，裸地面积为 22.63hm²，其他草地面积为 543.45hm²，分别占其他土地面积的 86.27%、7.34%、0.26% 和 6.13%。目前，顺德城镇建设用地主要有如下特征：

（1）人均建设用地面积大。人均建设用地面积达 320.9m²，远远超出了国家规定的第Ⅳ级指标值 105.1~120.0m² 的上限。这主要是由于村镇工业用地面积规模较大，加上现状人均居住用地面积过高，且包含了较多的未城镇化的农村居民点所导致。

（2）建设用地占比高，空间布局零散。顺德区建设用地总量占全区陆域面积比例达 50.1%，而佛山市建设用地总量占全市陆域面积规划目标比例仅为 35.3%。以村镇企业为主、市场为主的顺德地区发展模式，带动了顺德区经济的腾飞，各镇（街道）经济发展水平普遍较高，同时也造成了建设用地布局非常零散的现状特点。村居住、工业等用地相互影响干扰，环境品质不高。

（3）土地利用较粗放，土地利用效率较低。同时，建设用地迅速扩张，生态格局面临挑战。如顺德水道生态防护绿地被零散的工业用地侵蚀，城市建设中的滨水特色尚未显现，生态保护任务仍十分艰巨。

（4）农村居民点布局分散，大多沿主要道路、河道两侧呈线型分散布局，小集中而大分散，缺乏整体规划，各类配套设施不足，农村生活环境欠佳，亟须推进农村土地综合整治，转变土地利用模式，提升区域土地对经济社会发展的支撑力度。

4.3　生态服务功能评价与生态保护红线划定技术路线

4.3.1　工作思路

1. 提高评估科学性

本次顺德区生态保护红线划定主要参考《生态保护红线划定技术指南》（环发〔2015〕56号）文件的技术框架。为实现本次规划评估与划定的科学性，重点开展两方面工作：一是对顺德区生态资源进行深入研究分析，充分利用GIS、遥感等手段，在顺德区内开展区域生态环境资源调查，搜集资料，对重点地区进行实地踏勘；通过部门、镇街调研了解顺德区生态资源特征与存在的问题。二是对评估内容进行甄别，结合顺德区生态基底实际，选取适于顺德区的生态功能、生态敏感、禁止开发区等进行评估，如顺德区水系丰富，其水源涵养、基塘维育是本次规划的重要评估内容。

2. 加强规划衔接

顺德区现行的生态资源保护边界涉及多个规划，包括城市土地利用规划、森林公园规划、城市绿地系统规划，以及各镇街的控制性详细规划等。顺德区生态资源保护边界存在差异，各部门的保护区空间信息有待整合。因此，本次规划在统筹协调方面开展两部分工作：一是评估相关规划的协调性，在规划目标、指标、规划对象、保护策略等方面梳理上下层规划的一致性；二是规划成果整合，搜集综合多部门规划成果，比较生态保护红线边界与其他规划边界的一致性，对有冲突的地方进行协调，对达成一致的成果进行整合。

3. 面向精细管理

在空间红线划定的基础上，建立顺德区和各镇街的生态保护红线管理单元名录。明确区、镇街、相关部门对管理单元的监管要求、管理指标、绩效考核。将生态保护红线划定和精准化成果与制度建设、数据管理平台搭建进行充分衔接，为红线管理提供支撑。

4.3.2 技术路线

本次生态保护红线划定主要参考《生态保护红线划定技术指南》（环发〔2015〕56 号）文件的技术框架，总体上可分为基础调查、现状评价、专题评估与划定、规划实施四部分，包括现状调研、生态环境现状与演变、专题研究与评价、生态保护红线综合划定等步骤（图 4-6）。

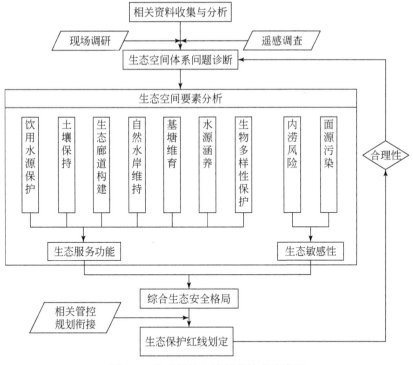

图 4-6 生态保护红线划定技术路线图

1. 生态资源基础调查

通过土地利用现状、遥感影像解译、实地调查等方式，对顺德区生态资源要素及其空间分布进行本底调查，包括顺德区内绿地、河流、湖泊、动植物等生态资源，总结顺德区生态结构特征。

2. 生态现状评估

结合遥感影像、现场踏勘和大气、水、生物等生态环境监测数据，系统分析区域内自然生态系统结构与功能状况，以及受自然与人为因素威胁状况，综合评估生态保护成效与存在的问题，明确生态保护目标与重点。

3. 生态环境演变与趋势分析

通过分析顺德区森林、农田、湿地、城镇等生态系统近十年变化规律，归纳其主要驱动因素，分析生态保护红线管理所可能面临的挑战。

4. 生态保护红线专题研究与评估

对生态保护红线划定进行专题研究与评估，主要包括顺德区重要生态功能、生态敏感、脆弱的研究与重要性评价，生态功能区红线划定，生态敏感区、脆弱区红线划定等。

5. 生态保护红线综合划定

对划定的生态功能区、生态敏感区、脆弱区红线进行空间叠加与综合分析，形成包含各类生态功能红线的空间分布图，综合分析顺德生态安全格局，划定生态保护红线。对生态保护红线进行管理单元区划，为实施差异化的生态保护、管理与建设，促进资源合理利用、生态系统保育和环境条件改善提供指导。通过高分影像对比和现场踏勘等，进一步确定生态保护红线的实际边界。

4.4 生态系统总体特征和变化趋势

4.4.1 生态用地构成

顺德区地处珠三角冲积平原地区，境内平原和水面所占比例较高，山地和丘陵所占比例较低，水网密度总体上东北略低、西南略高。在区域地形地貌、水网和区位等因素的综合影响下，形成具有顺德特色的生态基底。

2014年，顺德区城镇、湿地、农田和森林面积分别为377.96 km²、286.59 km²、108.31 km²和24.59 km²，分别占土地面积的47.40%、35.94%、13.58%和3.08%（图4-7）。东北部生态用地较为破碎，非生态用地呈集聚发展态势；西南部基塘、河流等生态用地现存量较大，受人类活动影响相对较小（图4-8）。

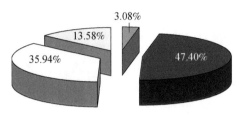

图 4-7 佛山市顺德区 2014 年用地构成

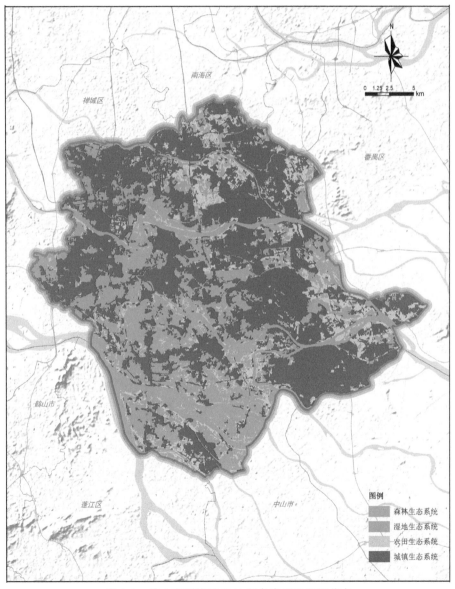

图 4-8 佛山市顺德区 2014 年各类用地空间分布

4.4.2 生态用地变化趋势

改革开放以后，由于顺德区工业化和城镇化过程的不断加速，城镇建成区和村级工业园区不断蔓延发展，导致全区生态系统发生剧烈变化。1980~2014年，农田和湿地生态系统面积分别减少 118.64km² 和 92.39km²，城镇生态系统增长 209.37 km²，森林生态系统增加 1.66km²（图4-9、表4-2）。

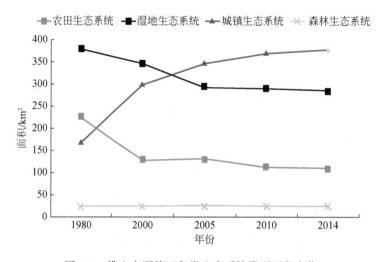

图4-9 佛山市顺德区各类生态系统类型面积变化

表4-2 佛山市顺德区不同生态系统类型面积变化

项目	面积/km²			
	农田	湿地	城镇	森林
1980 年	226.95	378.98	168.59	22.93
2000 年	126.35	347.96	299.73	23.40
2005 年	130.18	294.50	347.71	25.06
2010 年	113.06	290.24	369.73	24.42
2014 年	108.31	286.59	377.96	24.59
1980~2000 年年均变化/%	-5.03	-1.55	6.56	0.02

续表

项目	面积/km²			
	农田	湿地	城镇	森林
2000~2014年年均变化/%	-1.29	-4.38	5.59	0.09

2000 年以前，农田生态系统面积下降速度快于湿地生态系统，1980~2000
年农田和湿地生态系统面积下降速度分别为5.03%和1.55%；2000年以后，受
基本农田保护政策的影响，农田生态系统面积下降速度慢于湿地。2000~2014
年农田和湿地生态系统面积下降速度分别为1.29%和4.38%（表4-2）。

城镇建设不断侵蚀生态用地。除森林生态系统受到严格保护，面积有所增长
外，农田和湿地生态系统持续转化为建设用地，所占土地面积比例持续下降，累
计分别下降14.88%和11.58%；城镇用地累积增长26.26%，面积增长1倍多
（图4-10）。

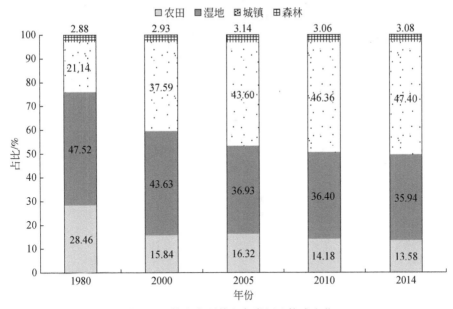

图4-10 佛山市顺德区各类用地构成变化

东北部城镇生态系统逐渐集中连片，农田和湿地生态系统呈现破碎化趋势；
西南部农田和湿地等生态系统受开发建设活动的影响程度较小，破碎化程度低
（图4-11）。

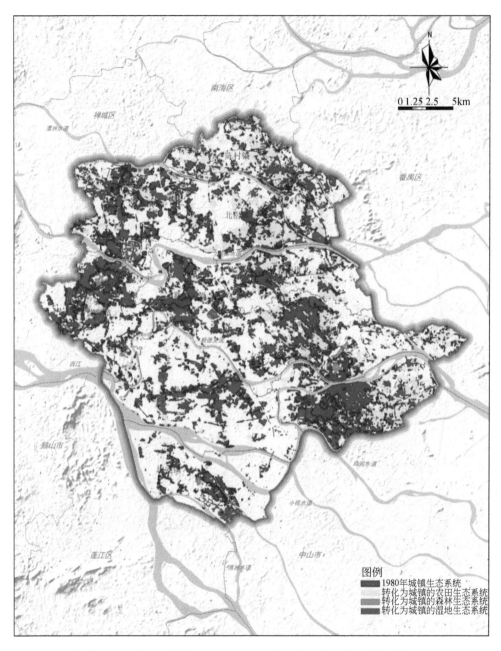

图 4-11   佛山市顺德区 1980~2014 年各类生态用地的变化特征

4.5 生态服务功能重要性评估

4.5.1 饮用水源地保护

1. 水源取水现状

顺德区共计 11 个取水水源，主要分布在西江干流、北江干流、潭洲水道、平洲水道、容桂水道、顺德水道、东海水道等，大部分水源水水质常年维持在地表水环境质量Ⅱ类标准。各取水水源分布详见表 4-3。

表 4-3 佛山市顺德区供水水厂基本情况

水厂名称	取水口位置	水质现状
羊额水厂	北江顺德水道羊额段	Ⅱ类
右滩水厂	西江干流右滩	Ⅱ类
容奇水厂	西江容桂水道	Ⅱ类
桂洲水厂	西江容桂水道	Ⅱ类
龙江水厂	顺德水道龙江段	Ⅱ类
北滘水厂	顺德水道羊额段	Ⅱ类
均安水厂	西江东海水道	Ⅱ类
陈村水厂	北江潭洲水道陈村段	Ⅱ类
乐从水厂	北江东平水道	Ⅱ类
藤溪水厂	北江顺德水道	Ⅱ类

2. 水源保护区规划

本次规划依据《佛山市顺德区供水专项规划修编（2015—2020）》的水源保护区规划，部分水厂关停，水源保护区范围发生调整，将顺德区水源确定为：顺德水道、东海水道及西江干流，以西江作为规划的主要饮用水源。将顺德区水源保护区分为顺德水道西樵段水源保护区、顺德水道羊额段水源保护区、西江流域右滩段水源保护区、西江流域均安段水源保护区及顺德水道伦教段水源保护区等五个片区。

1) 一级保护区设置要求

水域范围：一级保护区水域长度应通过分析计算，确定能满足水源地水质标准的最大水域范围。同时，上、下游范围不得小于卫生部门规定的饮用水源卫生防护带范围。对于感潮河段，一级保护区的范围一般为距离取水口上下游大于等于1500m的水域部分。

陆域范围：一级保护区陆域范围的确定，主要以一级水域保护区为基础，陆域沿岸长度不小于相应的一级保护区水域长度。河流两岸为浅滩、平原、小山丘的水源地其陆域沿岸纵深与河岸的水平距离不小于50m，若有防洪堤则为至堤外侧的距离；同时，一级保护区陆域沿岸纵深不得小于饮用水水源卫生防护范围。若河流两岸为陡峭山峰的水源地，则其范围为沿岸侧纵深至第一重山山脊线。

2) 二级保护区设置要求

水域范围：二级保护区水域长度应通过分析计算，确定二级保护区上游边界到一级保护区上游边界的距离应大于污染物衰减到水源地Ⅱ类水质标准浓度所需的距离。

陆域范围：二级保护区沿岸纵深范围自一级保护区陆域和二级保护区水域沿岸向外不小于1000m，具体可依据自然地理、环境特征和环境管理需要，通过分析地形、植被、土地利用、地面径流的集水汇流特性、集水域范围等确定；两岸是陡峭山峰的河流型水源地，其第一重山山脊线高于50年一遇的洪水线时可不划二级保护区；有物理隔离区的、封闭输水河（渠）的水源地可视具体情况不划或适当划分二级陆域保护区；对于流域面积小于100km²的小型流域，二级保护区可以是整个集水范围。

3) 顺德区水源保护区范围

目前，伦桂路、羊大路、新基北路、乐龙路等一批重点道路正在或将要建设。由于顺德地处珠三角冲积平原，河网密集，行政界限多以河道划界，因此很多连通镇街的道路交通必须跨过重要河道。如伦桂路是顺德南北向的一条非常重要的交通走廊，一期工程就跨越了顺德支流和容桂水道，二期工程将跨越顺德水道和潭洲水道，会直接影响到容奇、桂洲、羊额、陈村水厂的水源保护区。了哥山货运港、浦项钢铁厂项目的建设，增加了均安水厂取水头部的水质污染的风险。

根据《佛山市顺德区供水专项规划修编（2015—2020）》，确定各饮用水源保护区的范围（图4-12），各保护区的面积见表4-4。

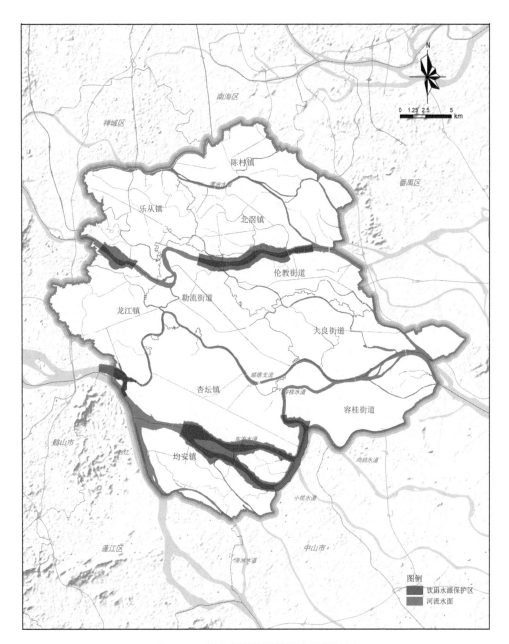

图 4-12 佛山市顺德区饮用水源保护区

表 4-4　佛山市顺德区饮用水源保护面积

水源保护区所服务水厂	一级水源保护区/hm²			二级水源保护区/hm²		
	总面积	水域	陆域	总面积	水域	陆域
龙江	278.9	247.4	31.5	682.5	313.6	368.9
北滘、羊额	189.5	158.4	31.1	378.2	198.0	180.2
南洲	260.0	215.0	45.0	536.0	336.3	199.7
右滩	426.3	368.6	57.7	968.3	669.2	299.1
均安、容奇、桂洲	531.1	406.0	125.0	1375.2	922.6	452.6

顺德水道西樵（藤溪）段水源保护区：在顺德水道西樵（藤溪）段藤溪水厂取水头处设置一级水源保护区。龙江水厂及乐从水厂取水头移至水源保护区内。

顺德水道羊额段水源保护区：羊额水厂水源保护区上游有一环路，下游有伦桂路，两者距离只有1800m，不满足一级水源保护区上下游距离共3000m的要求。但在顺德区范围内，北江流域现有两处水源保护区，分别为广州南洲水厂水源保护区和藤溪段水源保护区。南洲水厂取水量约为80万 m³/d，若将羊额水厂、北滘水厂取水头移至此处取水，取水量过大，势必对北江造成较大的影响；若将羊额水厂、北滘水厂取水头移至西樵段水源保护区，则取水头迁移距离较长，工程费用及以后的运行费用均较高。区政府经多方面考虑，继续保留原水源保护区，不做调整。

西江流域右滩段水源保护区：按照规划，右滩水厂近期取水量需扩建至18万 m³/d。因此，在西江干流右滩水厂取水头设一级水源保护区。该水源保护区位于顺德区上游，避开了下游码头、工厂等一些重污染企业，同时可提高供水的可靠性。

西江流域均安段水源保护区：在西江流域东海水道均安水厂取水头处设置一级水源保护区。按照《佛山市顺德区总体规划》修编，东海水道上游将进行了哥山货运港、浦项钢铁厂项目的建设，相应增加了均安水厂取水头部水质污染的风险，因此，这些项目在建设中，应提高污水、固体废物、废气等污染物的排放标准，减小对下游的污染，以利于下游的开发建设。

根据有关部门要求，鉴于马宁水道和东海水道中间水道相连，所以水源保护区的保护范围应从东海水道南侧至马宁水道北侧。

4.5.2 河岸自然度维持

河岸一般是指河流水域濒陆的陆地边缘地带，是水体和陆地的景观边界，在特定时空尺度下，水、陆相对均质的景观之间存在异质性。河岸作为水陆交错的过渡地带，通常呈现与水边平行的带状结构，本身具有活跃的物质、养分以及能量的流动。河岸具有廊道功能、植物护岸功能和污染缓冲带功能等。河岸带的植被覆盖条件越好，自然稳定性越高，其生态服务功能越强。

近年来随着经济的不断发展，由于工业和城市开发、防洪设施建设等改变了顺德区主要河流河岸的覆被状况，硬质化人工河岸逐渐替代自然河岸，导致河岸生态系统退化。

1. 评价思路与方法

本次规划选取顺德区主要河流（潭洲水道、顺德水道、顺德支流、东海水道、西江部分河段），划定河流水体外 200m 作为分析区。利用遥感影像，提取植被覆盖度和不透水表面指数，河岸自然性评价流程见图 4-13。其中，植被覆盖度表征河岸地表的自然性，不透水表面指数表征河岸地表人工化程度。不透水表面指数属于负向指标，需要转换为正向指标。依据指标的权重，最终叠加得到河岸自然性的空间分布图 4-14。综合分析河岸的自然状态，评价结果划分为一般重要、中等重要和极重要，其中极重要的河岸自然度最高，综合分析结果如图 4-15。

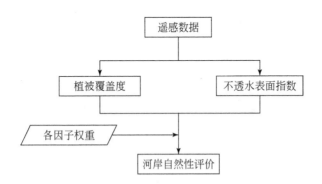

图 4-13 佛山市顺德区河岸自然性评价流程图

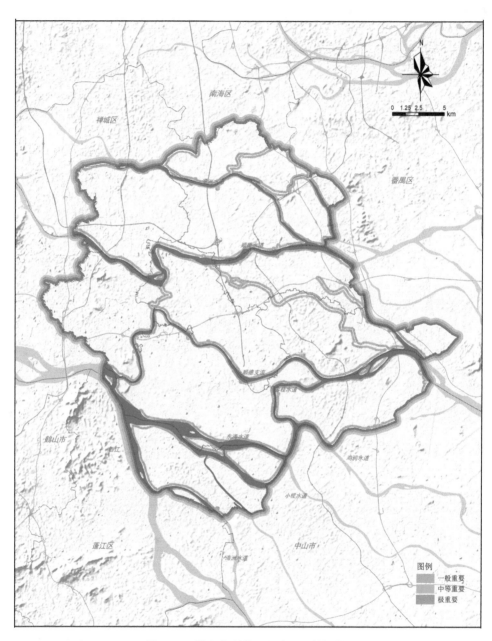

图 4-14　佛山市顺德区河岸重要性评价

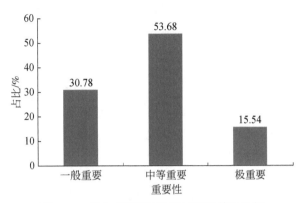

图 4-15　佛山市顺德区河岸重要性等级比例

2. 评价结果

顺德区河岸带人工化程度较高，自然属性较低。中南部城乡发展协调区的东海水道和西江沿岸具有较高的自然性，属于顺德区河岸极重要比例最高的河段，两岸尚保留大量的基塘湿地、少量林地，是顺德区乃至珠三角地区重要的生态廊道（图 4-14）。

位于城镇区的河岸自然度相对较低。处于北部都市发展区和东部都市发展区的顺德水道和容桂水道的河岸自然性相对较差，一般重要性河岸占据较大比例。位于港口、工业园区的河岸大部分地区均被硬质化，河岸的生态重要性级别最低，如乐从镇龙江二桥北部河岸、北滘港河岸、陈村大桥两岸河段等。

全区处于极重要的河岸面积最小，占总面积的 15.54%；中等重要河岸面积最大，占总面积的 53.68%；处于一般重要的河岸面积占总面积 30.78%（图 4-15）。

4.5.3　基塘维育

基塘湿地作为顺德区特有的湿地生态系统，其承担重要的生产功能，作为区域生态基底，其对环境的维护与改善功能不容忽视。基塘系统作为一种种养结合、通过水陆交互作用而具有多种生态经济功能的湿地生态系统，是数百年前就已经使用的传统低洼地利用方式。传统基塘系统的物质能量得到较充分的利用，形成生态经济良性循环，具有良好的边缘效应，被认为是中国传统农业的典范。

顺德区处于珠江三角洲河网密布区域，山林少，基塘湿地成为顺德区的重要生态屏障。但受不同时空尺度的自然-人工复合系统的驱动，建设用地高速扩张，基塘湿地面积萎缩程度加剧，景观破碎化水平增加。塘基下垫面的自然属性不断被人工属性所取代，原有良好的物质循环和能量流动过程被破坏，导致生态服务功能下降。

1. 评价思路与方法

根据基塘生态系统的特点，选取基塘范围内植被覆盖度、水网密度和基塘斑块面积表征基塘生态系统的自然生境状况。其中，植被覆盖度表征基（陆地）／塘（水体）比，植被覆盖度越高即表征基/塘比越高，越有利于陆地与水体的物质流动和能量循环；水网密度越高，越有利于基塘与外界水系的水交换过程。不透水表面指数以及基塘与道路距离表征基塘范围内人为干扰水平，不透水表面指数表征塘基的下垫面性质改变强度，基塘与道路距离表征基塘受城市开发过程侵蚀/干扰的可能性。分析流程见图4-16。从自然和人工两方面综合分析顺德基塘湿地重要水平，确定不同因子权重后，通过图层叠加得到综合分析结果。

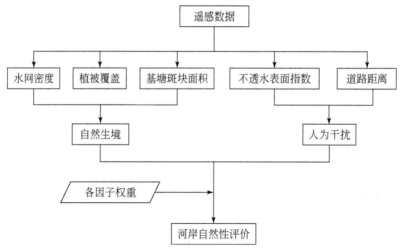

图4-16　佛山市顺德区基塘湿地健康水平评价流程图

2. 评价结果

处于中南部城乡发展协调区的基塘湿地生态系统，健康水平相对较高。均安镇、杏坛镇、龙江镇分布较多连片且生态质量最高的基塘湿地。其中顺德境内的东海水道下游、西江上游沿岸的基塘湿地构成顺德区极重要的生态屏障。北部与东部城市发展区中，容桂街道、大良街道、伦教街道、陈村镇的基塘分布较为破碎分散，相对顺德中南部镇街来说，重要性相对较低（图4-17）。

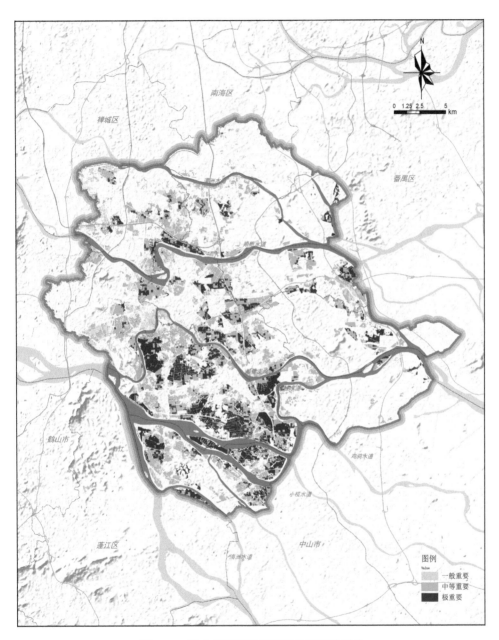

图 4-17 佛山市顺德区基塘湿地重要性评价

根据基塘健康水平得到的重要性评价结果为：极重要的基塘面积占总面积的 29.12%；中等重要的基塘面积占总面积的 61.70%；一般重要的基塘面积最小，占总面积的 9.18%（图 4-18）。

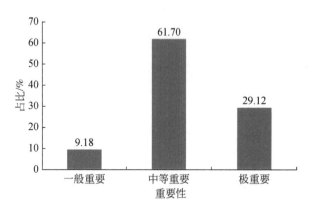

图 4-18　佛山市顺德区基塘重要性等级比例

4.5.4　水源涵养

顺德区位于珠江三角洲网河区，西、北江干、支流经本区带来大量过境水，可利用水资源量较为丰富。顺德区多年平均（1956~2000 年，下同）降雨量为 1420.6mm，多年平均水资源总量 5.4 亿 m^3，其中地表水资源量 5.20 亿 m^3，地下水资源量 1.06 亿 m^3。

水源涵养是生态系统的重要服务功能之一，识别水源涵养重要区有助于调整和优化顺德区水环境安全格局，对制定水源地保护规划，防治水体污染，保障区域用水安全具有重要意义。区域的水源涵养功能重要性主要取决于区域自身的自然因素，如地理因素、气候因素、生态因素等。国内外研究表明，降水及其过程、土地覆被、土壤性质、河流湖泊的空间分布、地形地貌等因子都对水源涵养功能有影响。

1. 评价思路与方法

结合现有的数据以及综合考虑自然因素对水源涵养重要性的影响程度，本研究评价水源涵养重要性采用降水贮存量法，即用各生态系统的蓄水效应来衡量涵养水分的功能（式 4-1）。

$$Q = A \cdot J \cdot R \tag{4-1}$$

$$J = J_0 \cdot K \tag{4-2}$$

$$R = R_0 - R_g \tag{4-3}$$

式中，Q 为与裸地相比较，森林、草地、湿地、耕地、灌丛等生态系统涵养水分的增加量；A 为各类生态系统面积（hm^2）；J 为计算区多年年均产流降雨量（$P>20mm$）；J_0 为计算区多年年均降雨总量（mm）；K 为计算区产流降雨量占降雨总量的比例，取值为 0.49（式 4-2）；R 为与裸地（或皆伐迹地）比较，生态系统减少径流的效益系数；R_0 为产流降雨条件下裸地降雨径流率；R_g 为产流降雨条件下生态系统降雨径流率（式 4-3）。根据赵同谦等（2004a；2004b）的研究，顺德区各类生态系统 R 值如表 4-5 所示。

表 4-5　生态系统类型 R 值

序号	生态系统类型	R 值
1	常绿阔叶林	0.39
2	落叶阔叶林	0.34
3	常绿针叶林	0.36
4	落叶针叶林	0.36
5	针阔混交林	0.34
6	常绿阔叶灌木林	0.32
7	落叶阔叶灌木林	0.32
8	乔木园地	0.28
9	灌木园地	0.28
10	乔木绿地	0.34
11	灌木绿地	0.28
12	草丛	0.20
13	草本绿地	0.20
14	森林沼泽	0.40
15	灌丛沼泽	0.40
16	草本沼泽	0.40
17	湖泊	—

续表

序号	生态系统类型	R 值
18	水库/坑塘	—
19	河流	—
20	水田	0.09
21	旱地	0.25
22	居住地	0
23	工业用地	0
24	交通用地	0
25	采矿场	0
26	稀疏林	0
27	稀疏灌木林	0
28	裸岩	0
29	裸土	0

在 GIS 软件的支持下，对生态系统水源涵养结果进行标准化，按照自然断点分级法把水源涵养重要性评估单元划分为极重要、中等重要和一般重要三个等级。

$$SSC = (SC_x - SC_{min})/(SC_{max} - SC_{min}) \tag{4-4}$$

式中，SSC 为标准化后的值；SC_x 为各评价单元生态系统水源涵养量；SC_{max} 与 SC_{min} 分别为生态系统水源涵养量的最大值与最小值。

2. 评价结果

顺德区极重要水源涵养区主要是分布在龙江镇、均安镇、大良街道和北滘镇的林地，这些林地位于象山、新世界农业园、龙峰森林公园、金紫公园、顺峰公园等处。对这些区域的有效管理将有利于保障顺德本地水源涵养生态支撑。中等重要的水源涵养区域主要为植被覆盖较低的林地，以及部分基塘湿地，在杏坛镇南部、大良-容桂街道东部、陈村镇和伦教街道分布较多（图 4-19）。

顺德区由于城市开发强度大，植被覆盖度较低，水源涵养功能一般，极重要水源涵养区域仅占全区面积的 6.02%，中等重要水源涵养区占全区面积的 9.01%，二者合计仅占全区面积的 15%（图 4-20）。

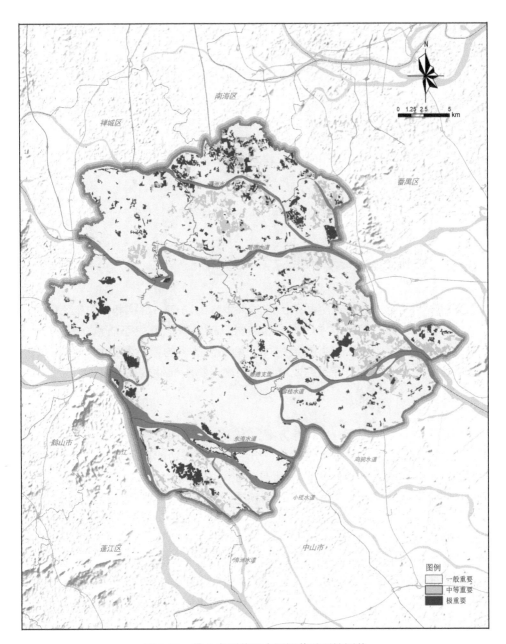

图 4-19　佛山市顺德区水源涵养重要性评价

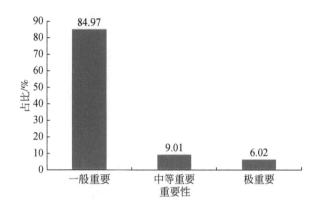

图 4-20　佛山市顺德区水源涵养重要性等级比例

4.5.5　生物多样性保护

生物多样性是指在一定空间范围内多种多样的动物、植物和微生物有规律地结合在一起的总称。生物多样性程度和质量直接反映区域生态质量。经过 30 余年的城镇化发展，大中型兽类在顺德区已绝迹，鸟类的数量和类型也明显减少，生态系统服务功能明显下降。因此应尽快明确生物多样性重点区域。

1. 评价思路与方法

结合现有资料与专家分析指导方案，本次规划采用指示物种评价方法，表征顺德区生物多样性水平。指示物种是一组生物类群或功能群，其生物学或生态学特性能够表征其他物种或环境状况所具有的特征参数。指示物种与环境关系密切、对环境变化敏感且容易观测。结合顺德生态现状，参考珠三角地区生物多样性多年研究经验，选择白鹭和沼蛙作为指示物种（图 4-21），来表征顺德区生物多样性情况。

白鹭（*Egretta garzetta*）是华南地区常见的湿地水鸟，其作为指示物种可以表征评价区内湿地环境的优劣，且白鹭生命周期中栖息环境涵盖了林地、湿地和灌丛生境，与环境联系紧密，具有较全面的指示作用，能集中反映水生生物、乔木植物、灌木植物和湿地生态结构的情况。白鹭一般在其白天觅食地和夜间栖息地间来回活动，范围半径多在 3 ~ 5km 内，繁殖期在 5 ~ 7 月。根据白鹭的生态学特性，总结其生境需求如表 4-6。

沼蛙　　　　　　　　　　　　　　　　白鹭

图4-21　佛山市顺德区指示物种

表4-6　佛山市顺德区白鹭栖息地生境需求分析

栖息地	内容
觅食地	以小虾、蟹、鱼为食；常见于水田、水塘、滩涂湿地、河流边缘等水深不超过0.3m的区域
繁殖地	于树冠营巢；需植被覆盖度大于0.9的乔木林地或竹林，周边有水，距离人类活动区域较远，距觅食地5km范围以内
夜栖地	远离人群及强光源，距觅食地5km范围以内

　　沼蛙（Hylarana guentheri）作为华南地区常见的两栖动物，易于观察，且生存对水质要求较高，作为指示物种可以反映顺德区两栖类生物生存环境质量（表4-7）。沼蛙栖息于水田、沟渠、水库边缘、池塘、沼泽地，以及附近的草丛中，经常隐匿在石洞或泥洞内，因此自然状态的复杂驳岸是沼蛙隐蔽繁衍的优良场所。沼蛙的食物种类丰富，其中主要以鞘翅目昆虫为食，同时也会以蜘蛛、蚯蚓、多足类、虾、蟹、泥鳅为食。

表4-7　佛山市顺德区沼蛙栖息地生境需求分析

栖息地	内容
用地类型	水田、沟渠、水库边缘、池塘、沼泽地等
限制因子	对水质要求较高，对人类活动的影响敏感

　　通过对遥感生态参数、土地利用现状的综合分析，得出指示物种的潜在栖息地分布，再叠加不同强度的人类活动因子，得到指示物种的分布范围，从而得到顺德区生物多样性重点保护区域（图4-22）。

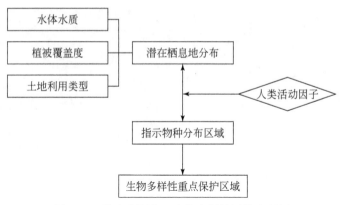

图 4-22 佛山市顺德区生物多样性评价流程图

2. 评价结果

白鹭繁殖期在树冠建巢，对繁殖地的环境要求极高，需靠近水源且郁闭度高的密林，以此来保证整个繁殖期幼鸟的安全。通过遥感反演得到顺德区植被覆盖度情况并进行分级（图 4-23）。

筛选植被覆盖度较高的区域，结合顺德区土地利用现状图、林斑图、遥感影像，选择郁闭度较高的林地，得到白鹭繁殖地和夜栖地。顺德区林地质量一般，植被覆盖度较高的林地仅有 6.37hm²，散乱分布在龙江镇锦屏岗、大金山，均安镇生态乐园，杏坛镇马宁山，容桂街道马岗森林公园、顺峰山、烟墩岗，北滘镇都宁岗等地。

白鹭夜栖地、繁殖地与觅食地之间的距离一般在 3～5km，在此范围内具有适合的生境，远离人类干扰的基塘、河涌滩涂、河流都可能是白鹭的活动范围和觅食地。综合上述分析得到顺德区适宜白鹭栖息的区域（图 4-24）。

顺德区适合白鹭栖息的区域共有 51.15km²，主要分布在均安镇、杏坛镇、龙江镇的坑塘水面和滩涂地等处，在大良街道、容桂街道的滩涂地也有少量分布。适宜白鹭生存的地区中，鲤鱼沙、马岗、大汕岛湿地公园、南沙头湿地自然保护区等是白鹭良好的觅食地，而大金山森林公园、顺峰山等周边有觅食地的林地地区，是白鹭理想的繁殖地。

沼蛙生存环境对水质要求较高。因此水质较好的基塘、水田等区域是其重要的栖息地。通过遥感光谱数据的分析，得到区域水体水质情况如图 4-25。

综合分析顺德区水体水质情况、人类活动情况和土地利用类型，得到沼蛙的栖息地分布（图 4-26）。适合沼蛙栖息的区域总面积 52.26km²，集中分布在顺德西南部的几个街镇，以杏坛镇和均安镇最多。

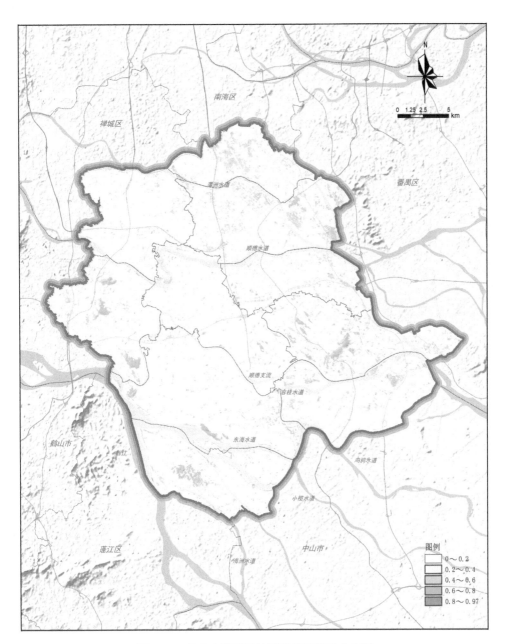

图 4-23　佛山市顺德区植被覆盖度等级分布图

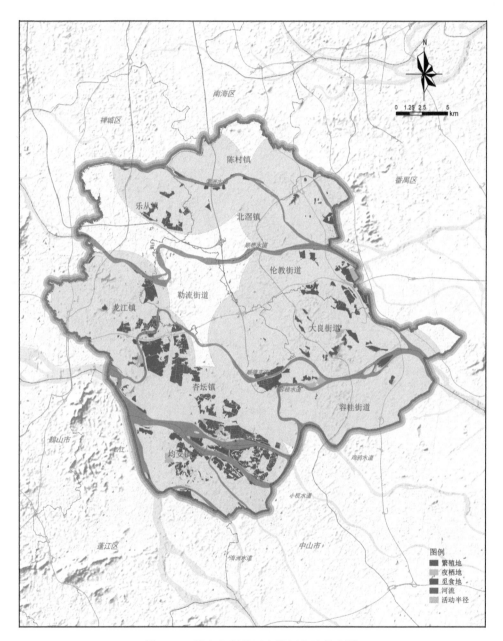

图 4-24　佛山市顺德区白鹭栖息地分布图

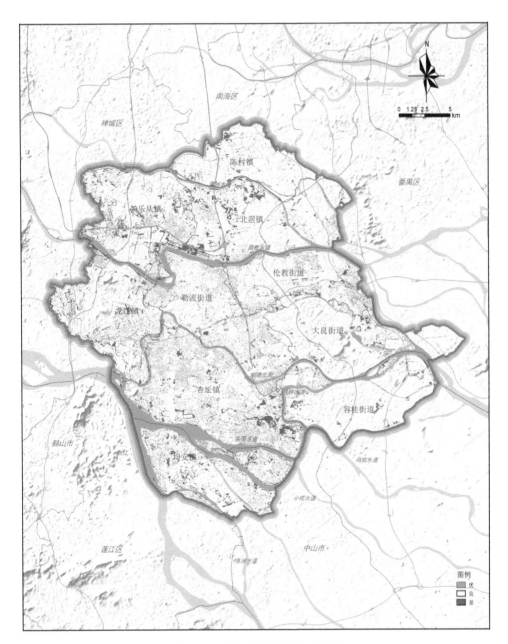

图 4-25　佛山市顺德区水体水质

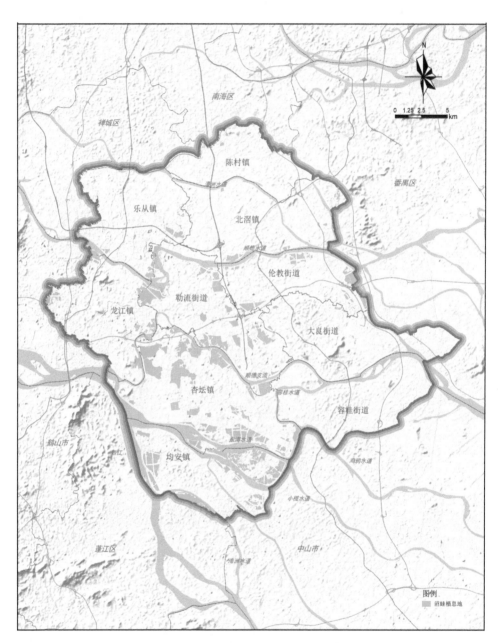

图 4-26　佛山市顺德区沼蛙栖息地分布图

　　滩涂和坑塘是陆生生态和水生生态过渡地带，具有较高的生物多样性水平，是顺德区保持生物多样性水平的重要区域。滩涂和坑塘一方面为两栖动物提供了赖以生存的水源，另一方面为白鹭等鸟类提供了丰富的食物。以白鹭和沼蛙为指示物种，顺德区生物多样性保持的重点区域总面积为 89.44km², 包含了顺德区重要的林地和湿地（图 4-27），这些地区是顺德区生物保护的最后屏障。

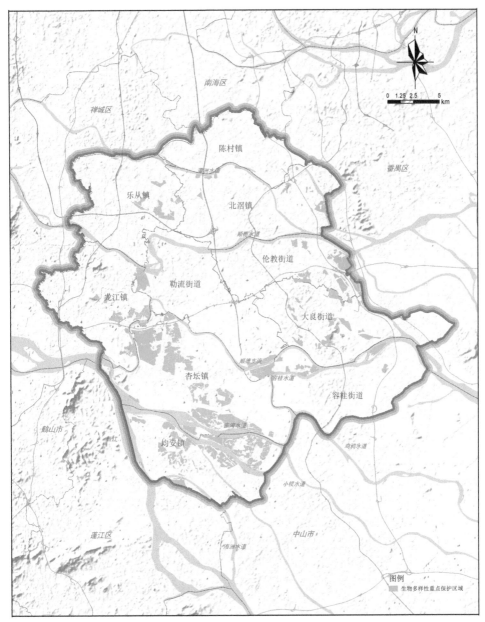

图 4-27 佛山市顺德区生物多样性重点保护区域

4.5.6　景观生态连接

　　顺德区现有部分绿地生态斑块孤立存在，缺乏必要的生态走廊连接。生态连接度概念自提出以来即在景观生态学研究中得到广泛应用，特别是在生物资源管理、生物多样性保护和景观规划与设计等方面。本小节通过评价顺德区景观组分的生态连接度状况，构建全区生态网络基础。

　　1. 评价思路与方法

　　本小节基于最新土地利用调查数据，采用最小耗费路径、障碍影响指数方法计算顺德区生态连接度。

　　障碍效应指的是人工建设用地对生态用地产生的边界效应，不仅阻隔了生态用地斑块之间的结构功能联系，而且改变了生物在不同斑块的迁移方式。以障碍影响指数（barrier effect index，BEI）反映人工建设用地的障碍效应，其数值越高，阻隔程度越大（式4-5）。BEI 计算如下：

$$Y_s = b_s - k_{s1}\ln\left[k_{s2}(b_s - d_s) + 1\right] \tag{4-5}$$

式中，Y_s 为 s 种建设用地的障碍效应；b_s 是第 s 种障碍物的权重赋值；k_{s1} 和 k_{s2} 是调整参数；d_s 为通过 ArcGIS 最小耗费距离模型计算出的最小耗费距离。

　　基于顺德区第二次土地调查数据，将顺德地区人工建设用地分为三种类型，并参考相关研究成果确定各类型用地的权重和调整参数（表4-8）。

表 4-8　佛山市顺德区三种基本人工建设用地类型

编码	类型	权重 b_s	K_{s1}	K_{s2}
B1	低阻力人工用地	20	11.11	0.25
B2	交通用地	50	27.75	0.10
B3	城市用地	100	55.52	0.05

　　注：低阻力人工用地主要为设施农业用地，包括禽畜饲养地、设施农业用地、农村道路、农田水利用地、田坎、晒谷场、水工建筑用地。

　　以上述不同人工障碍用地类型作为人为影响发生源，将研究区所有景观组分按照性状相近的原则合并成 6 种不同的人为影响传播介质类型，以便确定最小耗费距离计算的影响矩阵（阻力层）。6 种人为影响传播介质类型与阻力值确定如表 4-9 所示。

表4-9　佛山市顺德区 BEI 的影响矩阵

编码	类型	包括用地种类	阻力值 An
V1	自然地区	林地	0.10
V2	农业用地	园地	0.13
		耕地	
		牧草地	
V3	自然未利用地	滩涂等	0.20
V4	人工障碍物	设施农业	0.40
		交通用地	
		建设用地	
		自然裸地	
V5	坑塘	基塘	2.00
V6	水体	水体	100

利用最小耗费距离模型,分别以3种人工建设用地类型为源,6种不同的人为影响传播介质类型为阻力面,计算出3种人工建设用地类型对顺德区不同类型用地的最小耗费距离 d_s,然后根据式(4-5)分别计算出3种人工建设用地类型的障碍效应 Y_s;再通过加和得出总人工障碍效应 Y;最后将 Y 等间距分为 $0 \sim 10$ 级来代表障碍影响指数 BEI 的程度差异。

在完成 BEI 计算后,基于地理信息系统最小耗费距离模型的生态连接度指数(ecological connectivity index,ECI)计算公式如下:

$$ECI = 10 - 9\frac{\ln(1 + x_i - x_{\min})}{\ln(1 + x_{\max} - x_{\min})^3} \qquad (4-6)$$

式中,x_i 代表每个像元合适的耗费距离;$x_{\max}$ 和 $x_{\min}$ 分别是给定区域耗费距离的最大和最小值。

以基于生物多样性评价的适宜生境斑块作为源,BEI 为阻力面,计算获得每种类型生态用地的最小耗费距离 D_i;然后计算出生态用地耗费距离 X。

最后,通过上述模型将生态连接度指数 ECI 几何间距划分为一般重要、中等重要和极重要3个等级,并在此基础上进行顺德区生态连接度重要性评价。

2. 评价结果

从顺德区人工建设用地 BEI 分级图的空间分布情况看(图4-28),低程度影响(BEI 在 $0 \sim 4$)区域主要为顺德区主要河流、水道和中南部连片基塘,这些斑块面积大且分布连续,城镇用地的边界阻碍距离较大。BEI 分级结果及占地面积见表4-10。

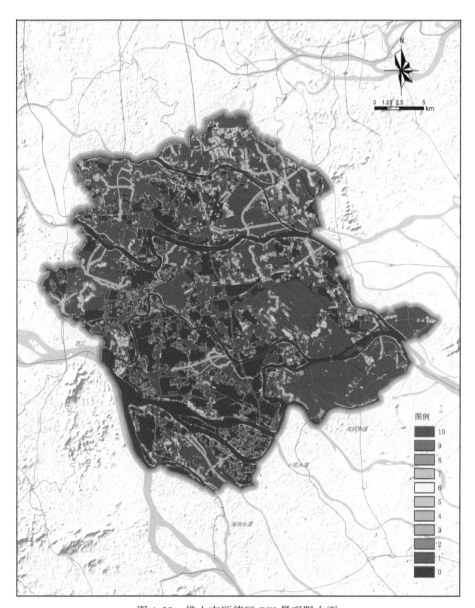

图 4-28 佛山市顺德区 BEI 景观阻力面

表 4-10 佛山市顺德区 BEI 分级应用结果

BEI 分级	影响水平	面积/km²	比例/%
0	无影响力	246.75	24.69
1~2	极低影响力	84.25	8.43
3~4	低影响力	243.27	24.34

续表

BEI 分级	影响水平	面积/km²	比例/%
5~6	中影响力	48.70	4.87
7~8	高影响力	61.72	6.18
9~10	极高影响力	314.76	31.49

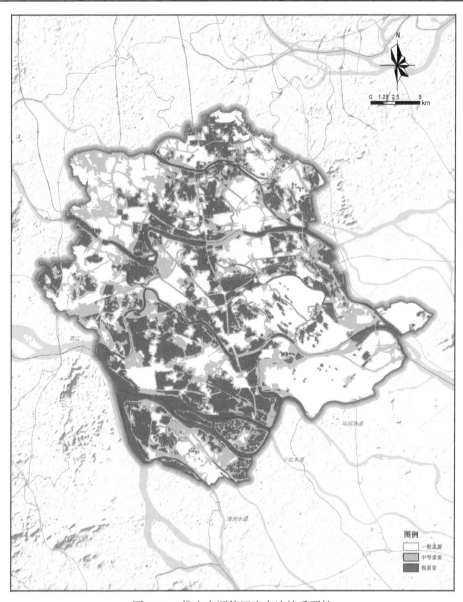

图 4-29　佛山市顺德区生态连接重要性

在综合考虑人工障碍效应、距离效应、相邻土地利用类型和植被类型等多方面影响的情况下，基于生物多样性评价选取的适宜生境，同时选取部分公园绿地为源，以 BEI 为阻力面，计算生态连接度指数 ECI，并根据阈值分级连接度重要性（图 4-29）。

生态连接度水平极重要区域占全区 31.77%，主要位于陈村镇、北滘镇绿地，各镇街面积较大的连片基塘，东海水道和西江河段，以及区内龙江镇锦屏岗、容桂街道马岗森林公园，顺峰山、烟墩岗等林地。这些区域是顺德区生态景观的核心斑块。生态连接度中等水平区域分布在生态连接度极重要区的外围，占全区 34.16% 的面积，主要为基塘湿地、河涌、道路林带等（图 4-30）。

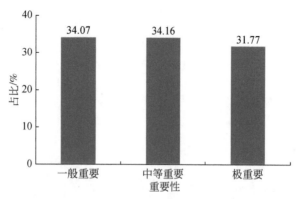

图 4-30　佛山市顺德区生态连接重要性等级比例

4.5.7　土壤保持

顺德区属冲积平原，表层土壤疏松，因此土壤保持功能是顺德区生态系统服务功能的一个重要方面。土壤保持为土壤形成、植被固着、水源涵养等提供了重要基础，同时也为生态安全和系统服务提供了保障。

1. 评价思路与方法

根据降雨、土壤、坡度、植被和土地管理等因素获取潜在和实际土壤侵蚀量，以两者的差值即土壤保持量来评价生态系统土壤保持功能的强弱。

采用通用土壤流失方程 USLE 进行评价，包括自然因子和管理因子两类。土壤保持量的计算公式见式（4-7）：

$$SC = R \cdot K \cdot LS \cdot (1 - C \cdot P) \tag{4-7}$$

式中，S 是坡度因子，表示在其他条件相同的情况下，实际坡度与 9% 坡度相比土壤流失比值；C是植被覆盖和经营管理因子，等于其他条件相同时，特定植被和经营管理地块上的土壤流失与标准小区土壤流失之比；用S与C的乘积表征水土保持功能的强弱；R是降雨侵蚀力因子，是单位降雨侵蚀指标；K是土壤可蚀性因子，标准小区上单位降雨侵蚀指标的土壤流失率；L是坡长因子；P是水土保持措施因子。将生态系统土壤保持功能评价结果进行标准化，并划分为极重要、中等重要和一般重要三个等级。

2. 评价结果

顺德区处平原地区，植被覆盖较低，且近一半的用地为建设用地，因此土壤保持能力以一般重要为主，占全区土地面积的93.94%，中等重要和极重要区分别占全区土地面积的5.51%和0.55%（图4-31）。

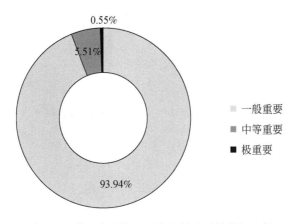

图 4-31　佛山市顺德区土壤保持重要性等级比例

顺德区现有森林公园、丘陵、自然遗留地为土壤保持极重要区域，包括龙峰山、锦屏山、大金山、象山、顺峰山等，主要分布在东部、南部、西部镇街（图4-32）。山体与平原过渡地区为土壤保持中等重要区域。

4.6　生态敏感性/脆弱性评估

4.6.1　佛山市顺德区面源污染胁迫评估

城市面源污染，也称城市暴雨径流污染，是指在降水的条件下，雨水和径流冲刷城市地面，污染径流通过排水系统的传输，使受纳水体水质污染。

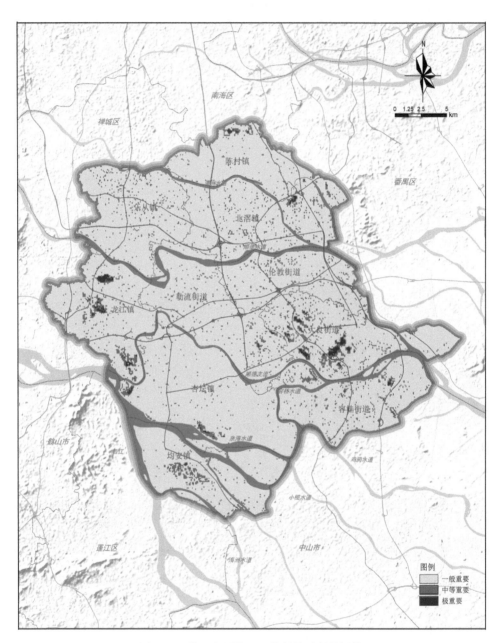

图 4-32　佛山市顺德区土壤保持重要性评价

　　城市面源污染的特点主要有污染的广泛性、污染的随机性、潜在威胁性和空间相关性。城市地面是高度人工化的非自然地面，其产流过程与自然产流有很大不同。城市下垫面大部分为硬化地面，产流速度快，下渗少，降雨径流过程线幅度大，特别是短时暴雨冲刷及淋洗作用更强，在降雨初期即可产流，且污染物携带量大，是地表非点源污染危害最大时期。

顺德区主城区是高度城镇化的城市，人口密集，工业发达，机动车辆多；城市建筑物密度高，道路系统发达，下垫面不透水硬质化程度高。顺德区城市面源污染可分为大气污染沉降、屋面径流污染、街道径流污染、建筑工地径流污染和排水灌渠沉积物污染。

1. 评价思路与方法

本规划通过 L-THIA 模型计算各用地类型在暴雨后所产生的径流量与污染物浓度，然后叠加 ArcGIS 水文分析生成的汇水小流域单元图层，最后通过阈值划分，生成不同等级的面源污染敏感性分区，分析过程如图 4-33 所示。

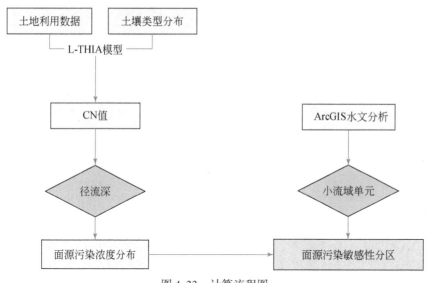

图 4-33　计算流程图

某一土地利用类型的径流深、降雨深之间的关系可以通过式（4-8）和式（4-9）来表达：

$$R = \frac{(P - 0.2S)^2}{(P + 0.8S)} \qquad P > 0.2S \qquad (4\text{-}8)$$

$$S = \left(\frac{25400}{\mathrm{CN}}\right) - 254 \qquad (4\text{-}9)$$

式中，R 为径流深（mm）；P 为降雨深（mm）；S 为最大持水能力（potential maximum retention，mm）；CN 为不同土地利用类型的径流曲线数。得到径流深后，再与该区域的面积相乘就可以得到某次降雨能够产生的径流量。

根据2012年顺德区土地利用数据和顺德区土壤类型分布，对SCS模型采用的CN值进行修正，确定顺德地区在B、C类别土壤渗透条件下（表4-11），各土地利用类型的CN值如表4-12所示。

表4-11　美国土壤保持局土壤水文类型

土壤水文类别	含义
A	易产生高渗透低径流的土壤（沙、砾石）
B	易产生中等渗透少径流的土壤（粉砂壤土）
C	易产生少渗透中等径流的土壤（砂土）
D	易产生低渗透高径流的土壤（黏土）

表4-12　土地利用类型及相应的CN值

土地利用类型	不同土壤水文类型的CN值	
	B	C
高密度城镇用地	96	97
中低密度城镇用地	93	94
水体	98	98
农业用地	88	91
林地	74	80
草地	75	86
工业用地	95	98

通过L-THIA模型，模拟单场降雨下顺德区不同地块汇流污染物浓度。然后运行ArcGIS的水文分析模块，根据顺德区地形地貌，参照顺德区河网水系、联围划分小流域。小流域面积越大汇集暴雨径流越多，受纳的污染物量越大。通过等间距划分等级，并给各等级小流域赋予权重，与L-THIA运行结果叠加运算，最后通过等间距划分阈值，形成面源污染敏感性等级图。

2. 评价结果

顺德区面源污染高产出区分布在城市建设区和城市主要道路，其下垫面产生面源污染物多，径流系数高，雨水携带大量污染物。面源污染中产出区主要分布在村庄和农田，主要为农药化肥污染（图4-34）。面源污染低产出区主要分布在城市林地和湿地，因其径流系数较小，面源污染物产出低。

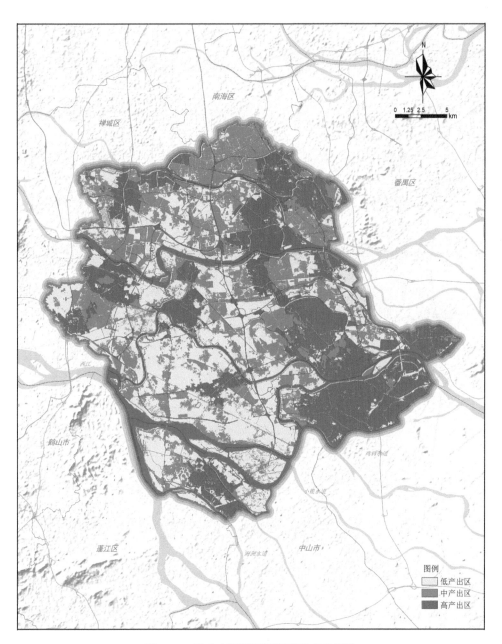

图 4-34　佛山市顺德区面源污染产出评价

顺德区面源污染物随暴雨径流迁移，在地形地貌的影响下，从产出地区向周边地势低的区域汇集（图4-35），高产出区以建设用地为主，企业生产和城镇居民活动强度较高。

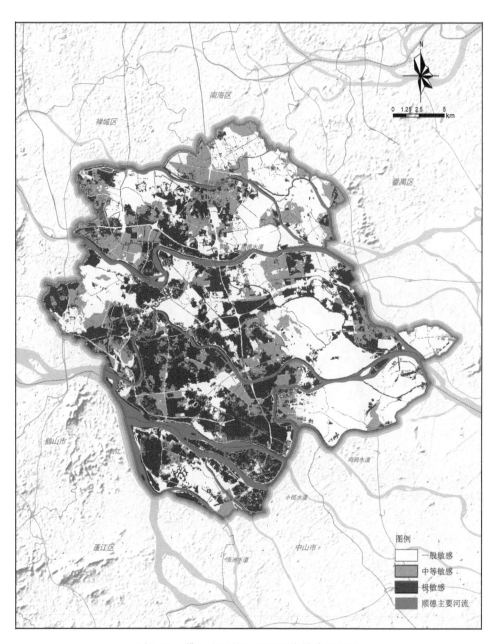

图 4-35　佛山市顺德区面源污染敏感性评价

面源污染受体极敏感区包括顺德区主要河流以及地势较低的基塘，占全区土地面积的42%（图4-36）。顺德水道、西江、潭洲水道作为饮用水源，一旦遭受面源污染，会威胁到顺德区饮用水源安全。由于地形地貌原因，地势低洼的基塘容易成为暴雨径流汇集区域。面源污染一般敏感性地区占39.23%，主要是面源污染产出区，以建设用地为主，这些地区由于地势较高，坡度较陡，暴雨径流不易汇集滞留。

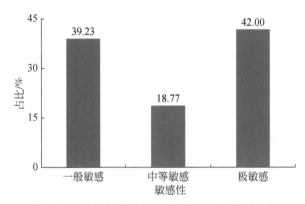

图4-36　佛山市顺德区面源污染敏感性等级比例

4.6.2　佛山市顺德区内涝风险评估

顺德区位于珠江三角洲河网区，地势较低，水高田低，雨洪同期，又受潮汐影响，往往造成外洪内涝，腹背受敌，多次遭受洪涝灾害袭击。1961年连续四次内涝积水，尤以4月和9月为重，4月内涝面积达1.4万hm²，占耕地面积的46.7%；9月上旬又降暴雨，内涝面积达0.94万hm²，占耕地面积的31.3%。

顺德区内田面高程大都在0.5~2m，每年汛期河水上涨或潮水大涨，涵闸就要关闭，若遇大雨，围内就会积水成灾，需电力抽排。顺德区电力排涝站建设始于20世纪60年代，过去省定排涝标准是十年一遇24小时暴雨4天排干，近年来顺德区通过排涝设施增容，基本已达1~2天排干标准。但因近年来城市建成区日渐增大，"三高农业"区域不断扩大，加上排涝设备老化和排水河涌淤积、排水不畅等因素，内涝严重。

1. 评价思路与方法

本小节从城市洪涝发生风险角度，通过采集数字高程、设计暴雨计算和联围综合径流系数对顺德区进行洪涝风险等级评估。

依据 2014 年编制的《佛山市顺德区城市排水防涝设施建设规划》要求，顺德区联围治涝目标能满足 20 年一遇、30 年一遇、50 年一遇 24 小时设计暴雨 1 天排完。因此，本小节选取重现期 $P=5\%$、$P=3.3\%$、$P=2\%$ 的设计点雨量和设计面雨量为基础计算参数，计算集雨区的内涝积水量。然后，采用数字高程模型，基于 GIS 的"等体积法"模拟不同重现期易出现内涝区域。

内涝评价结果划分为一般敏感、中等敏感和极敏感，分别表示 50 年一遇、30 年一遇和 20 年一遇暴雨内涝可能受淹区域。各镇街集雨面积、综合径流系数和主要联围设计雨量见表 4-13 和表 4-14。

表 4-13 顺德区各镇街集雨面积及综合径流系数成果汇总表

联围名称	顺德范围行政区划	集雨面积/km²	综合径流系数
第一联围	大良街道	63.294	0.63
	伦教街道	56.80	0.64
	勒流街道	67.64	0.59
南顺第二联围	乐从镇	69.81	0.66
	北滘镇	55.77	0.63
群力围	北滘镇	20.57	0.67
石龙围	北滘镇	5.01	0.65
南顺联安围	陈村镇	46.30（不含南海）62.90（含南海）	0.62
容桂联围	容桂街道	58.42	0.71
胜江围	容桂街道、杏坛镇、勒流街道	11.24	0.50
樵桑联围	龙江镇、勒流镇（勒北）	73.10	0.57
齐杏联围	杏坛镇	99.05	0.54
南沙围	均安镇	10.81	0.36
中顺大围	均安镇	46.56	0.58
五沙围	大良街道	11.80	0.67

资料来源：佛山市顺德区城市排水防涝设施建设规划报告——水利部分（2014 年）。

表 4-14 顺德区联围设计暴雨成果表

联围名称	行政区	Cv	Cs/Cv	设计点雨量/mm			点面系数	设计面雨量/mm		
				$P=5\%$	$P=3.3\%$	$P=2\%$		$P=5\%$	$P=3.3\%$	$P=2\%$
第一联围	大良	0.45	3.50	274.80	299.30	—	0.971	266.80	290.60	—

续表

联围名称	行政区	Cv	Cs/Cv	设计点雨量/mm			点面系数	设计面雨量/mm		
				P=5%	P=3.3%	P=2%		P=5%	P=3.3%	P=2%
第一联围	伦教	0.45	3.50	274.80	299.30	—	0.973	267.40	291.20	—
	勒流	0.45	3.50	263.48	287.00	—	0.962	253.50	276.10	—
第二联围	乐从	0.42	3.50	—	265.28	290.25	0.972	—	257.90	282.12
	北滘	0.42	3.50	—	265.28	290.25	0.972	—	257.85	282.12
群力围	北滘	0.42	3.50	—	265.28	290.25	0.998	—	264.75	289.67
石龙围	北滘	0.42	3.50	—	265.28	290.25	1.00	—	265.28	290.25
南顺联安围	陈村	0.42	3.50	—	263.31	288.10	0.971	—	255.67	279.75
容桂联围	容桂	0.45	3.50	274.77	299.30	—	0.974	267.60	291.50	—
胜江围	容桂	0.45	3.50	274.77	299.30	—	1.00	274.77	299.30	—
樵桑联围	龙江	0.35	3.50	223.78	239.06	—	0.967	216.40	231.17	—
齐杏联围	杏坛	0.45	3.50	274.77	299.30	—	0.955	262.41	285.83	—
南沙围	均安	0.45	3.50	274.77	299.30	—	0.975	267.90	291.82	—
中顺大围	均安	0.45	3.50	274.77	299.30	—	1.000	274.77	299.30	—
五沙围	大良	0.45	3.50	274.80	299.30	—	0.995	273.40	297.80	—

2. 评价结果

顺德区内涝积水区主要出现在基塘地区（图4-37），这些地区地势低洼，为水浸的敏感区。顺德区北部与中部街镇为内涝极敏感区，易受20年一遇暴雨造成的内涝。南部杏坛镇与均安镇为内涝中等敏感区，30年一遇暴雨内涝威胁较高。

顺德区全区内涝敏感区域面积共为440.36km²，其中极敏感、中等敏感和一般敏感地区面积分别占25.77%、25.58%和48.65%（图4-38）。

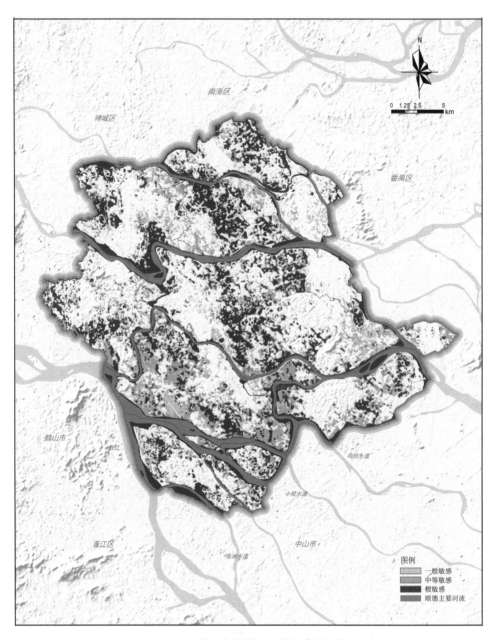

图 4-37 佛山市顺德区内涝敏感性评价

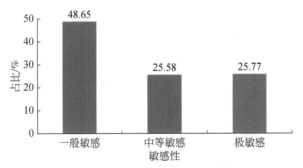

图 4-38　佛山市顺德区内涝敏感性等级面积

4.7　生态安全格局网络构建

4.7.1　佛山市顺德区综合生态用地重要性评价

将河岸自然度、基塘维育、水源涵养、生物多样性保护等评估结果进行空间叠加，得到顺德区生态综合重要性等级区域分布。

潭洲、顺德支流、顺德水道、东海水道两岸生态用地构成了顺德区的生态骨架，顺德区极重要生态用地主要沿四条主要河流分布（图 4-39）。勒流街道、龙江镇、杏坛镇、均安镇极重要用地主要为基塘保护区。顺峰山、李小龙生态乐园、象山等丘陵林地成为平原地区极重要的生态斑块。

顺德区生态保护极重要用地面积共 269.6km^2，占顺德区土地面积的 33.5%（图 4-40）。区内的河流支流、面积较小的基塘、花卉绿地成为中等重要生态用地。一般生态重要性区域分布在城镇建设区，占全区总面积的 50.5%。

4.7.2　佛山市顺德区生态网络规划

综合考虑顺德区的发展阶段，结合极重要生态用地分布特点，继承顺德区的水网生态基底，以河流水系、基塘和丘陵为骨架，形成"三纵、四横、五片区、六城市绿核"的生态网络格局（图 4-41 和图 4-42）。

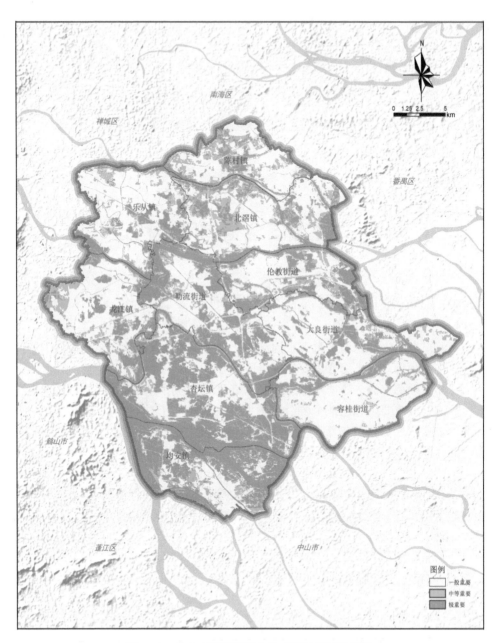

图 4-39　佛山市顺德区综合生态用地重要性评价

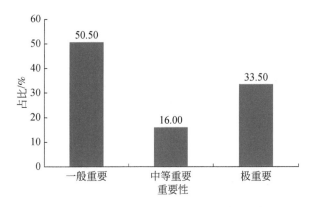

图 4-40　佛山市顺德区生态重要性等级比例

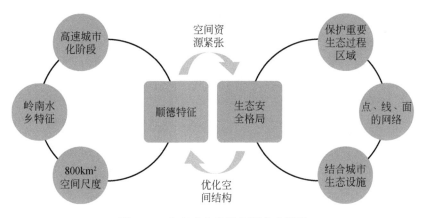

图 4-41　生态安全格局规划考虑因素

（1）三大纵向生态隔离带：西部由乐从—龙江基塘湿地串联的生态隔离带；中部沿佛山一环南沿线基塘绿地，由北向南串联陈村、北滘、伦教、大良、均安的生态隔离带；东部沿广佛交界由河道、农田等组成的生态隔离带。

（2）四大横向河流型生态廊道：由西向东贯穿顺德区域的四条主要河流构成，北部沿潭洲、顺德水道水源保护为主体导向的两条生态廊道；中部沿顺德支流串联龙江、勒流、大良、杏坛、容桂沿岸基塘、林带为隔离的生态廊道；南部沿西江–东海水道贯穿中南部基塘农业地区的以岭南水乡特色为主体导向的生态廊道。

（3）五大生态片区：均安镇基塘连片区、杏坛镇水乡特色保护区、龙江基塘农业保护区、北滘基塘区、陈村花卉苗圃区。

（4）六大生态绿核：顺峰山风景名胜区、李小龙生态乐园、龙峰森林公园、大金山森林公园、象山森林公园、锦屏山。

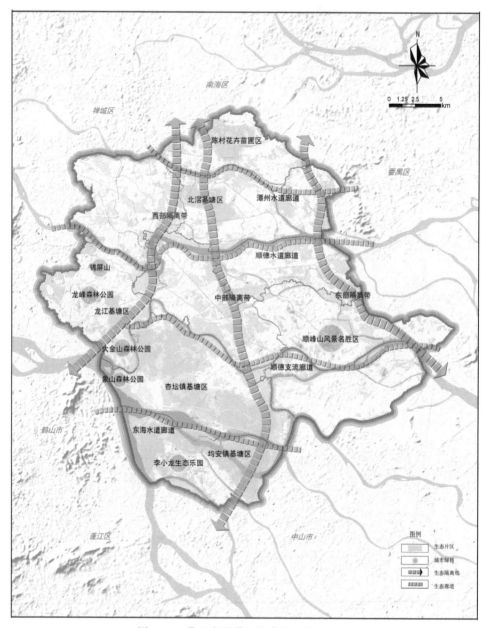

图 4-42 佛山市顺德区生态安全格局网络

4.7.3 佛山市顺德区生态隔离带规划

1）西部生态隔离带
（1）范围：乐从—龙江连片基塘、滩涂湿地形成的陆域基质。
（2）生态保护要求：重点保护基本农田、花圃绿地、园地等。
（3）生态发展方向定位：以基塘保育为主，发展特色农业、城郊观光旅游等。
（4）生态建设控制要点：禁止对基本农田进行违法建设，引导村庄用地合理建设。

2）中部生态隔离带
（1）范围：沿佛山一环南沿线基塘和绿地。
（2）生态保护要求：重点保护苗圃绿地、基塘、道路沿线防护绿带。
（3）生态发展方向定位：环城快速路生态隔离带。
（4）生态建设控制要点：禁止对基本农田进行违法建设，维持防护绿带面积与规模。

3）东部生态隔离带
（1）范围：沿广佛交界的河道、农田、基塘等陆域。
（2）生态保护要求：重点保护水道边界与水质，基塘、绿地公园等面积。
（3）生态发展方向定位：广佛交接绿地协调生态带。
（4）生态建设控制要点：严格控制水道周边进行城市建设开发强度，合理引导村庄用地建设。

4.7.4 佛山市顺德区生态廊道规划

1）潭洲水道生态廊道
（1）范围：潭洲水道及沿岸基塘、农田。
（2）生态保护要求：生态廊道宽度控制为 100～300m。
（3）生态发展方向定位：陈村与北滘、乐从镇的镇街生态廊道。与佛山新城、陈村花卉世界、君兰江山等绿地形成北部生态景观廊道。
（4）生态建设控制要点：水质达到供水规划要求，严格控制潭洲水道周边城市建设开发强度，严禁向潭洲水道排放污染物。

2）顺德水道生态廊道
（1）范围：顺德水道及沿岸基塘、农田、水源地保护区。

（2）生态保护要求：生态廊道宽度控制为 200～300m。

（3）生态发展方向定位：水源地保护生态廊道。

（4）生态建设控制要点：水质达到供水规划要求，禁止水源地保护区的非法建设，严格控制顺德水道周边的城市建设开发强度，严禁向顺德水道排放污染物。

3）顺德支流生态廊道

（1）范围：顺德支流及沿岸基塘、农田、水源地保护区。

（2）生态保护要求：生态廊道宽度控制为 200～300m。

（3）生态发展方向定位：连接龙江、勒流、大良、杏坛、容桂的河流生态廊道。

（4）生态建设控制要点：水质达到供水规划要求，严格控制顺德支流周边的城市建设开发强度，严禁向顺德水道排放污染物。

4）西江-东海水道生态廊道

（1）范围：西江顺德河段、东海水道及沿岸基塘、农田、水源地保护区。

（2）生态保护要求：生态廊道宽度控制为 200～300m。

（3）生态发展方向定位：饮用水源保护生态廊道。

（4）生态建设控制要点：水质达到供水规划要求，按照上层规划严格保护西江水质。保护西江、东海水道水源保护区，注重沿河湿地生态建设。严格控制西江、东海水道周边的城市建设开发强度，严禁向河流排放污染物。

4.7.5 佛山市顺德区生态片区规划

1）均安基塘片区

（1）范围：均安镇西北部、东部、海心沙连片基塘。

（2）生态保护要求：重点保护水源保护区陆域地区、基本农田、沟渠水系及湿地等，防止农业面源污染，加强农村大气、水和垃圾的环境治理。

（3）生态发展方向定位：基塘保育、城郊型观光农业等。

（4）生态建设控制要点：结合西江、东海水道生态廊道建设南岸基塘，保护基本农田。

2）杏坛水乡特色保护区

（1）范围：杏坛镇西北部、东南部基塘、基本农田。

（2）生态保护要求：重点保护水源保护区陆域地区，蓬简村水系及周边基塘，河涌水系及湿地等。防止农业面源污染，加强农村大气、水和垃圾的环境治理。

（3）生态发展方向：水乡特色风貌区。

（4）生态建设控制要点：禁止对基本农田进行违法建设，引导村庄用地合理建设。

3）龙江农业保护区

（1）范围：龙江镇南部的基本农田保护区。

（2）生态保护要求：重点保护基本农田、河流水系及湿地等。防止农业面源污染，加强农村大气、水和垃圾的环境治理。

（3）生态发展方向定位：基塘保育、河岸滩涂湿地等。

（4）生态建设控制要点：禁止在沿顺德支流生态廊道进行违法建设，引导村庄用地合理建设。

4）北滘基塘区

（1）范围：佛山一环东线与三荷线交界处周边基本农田。

（2）生态保护要求：重点保护基本农田、道路防护林带。

（3）生态发展方向：生态缓冲区。

（4）生态建设控制要点：维持基本农田面积，严格限制村级工业园区对基塘的侵占。

5）陈村花卉苗圃区

（1）范围：陈村镇中部基本农田保护区。

（2）生态保护要求：重点保护基本农田、花卉苗圃绿地等。

（3）生态发展方向定位：特色花卉农业发展区、城市绿色隔离带。

（4）生态建设控制要点：促进村镇工业集聚集约发展，引导村庄用地合理建设，防止工业园对苗圃用地的侵占。

4.7.6 佛山市顺德区生态绿核规划

1）顺峰山风景名胜区

（1）范围：顺峰山风景区。

（2）生态保护要求：严格保护顺峰山风景名胜区山体植被、水体，对自然山体的植被进行生态修复和保护。

（3）生态发展方向定位：城市生态公园、休闲游览、历史文化资源保护。

（4）生态建设控制要点：引导顺峰山地区合理开发建设，加强控制内部水库周边地区居住、旅游休闲的过度开发建设。

2）李小龙生态乐园

（1）范围：李小龙生态乐园。

（2）生态保护要求：重点保护李小龙生态乐园的植被，加强水源涵养林的建设，适当增加引鸟设施，改善园内湖泊水质。

（3）生态发展方向定位：城市生态、文化、休闲旅游公园。

（4）生态建设控制要点：改善园内森林群落，鼓励栽浆果类和蜜源植物引鸟，合理搭配不同物候特征的植物。划定鸟类栖息保护区，保护园内栖息鹭鸟。适度控制旅游设施建设规模。

3）龙峰森林公园

（1）范围：龙峰森林公园。

（2）生态保护要求：重点保护龙峰森林公园的山林生态资源，加强水源涵养林的建设，加强土壤保持。

（3）生态发展方向定位：城市森林公园。

（4）生态建设控制要点：改善森林群落，加强乡土植物的保护，注重植物群落搭配，多层次混交配置的种植面积应占公园绿化种植面积的50%以上。

4）大金山森林公园

（1）范围：大金山森林公园。

（2）生态保护要求：重点保护山林生态资源，加强水源涵养林的建设，加强土壤保持。

（3）生态发展方向定位：城市森林公园，顺德支流水源涵养区。

（4）生态建设控制要点：改善森林群落，加强对乡土植物的保护，加强公园内旅游设施的环境治理。

5）象山森林公园

（1）范围：象山森林公园。

（2）生态保护要求：重点保护象山森林公园的山林生态资源。

（3）生态发展方向定位：城市森林公园，顺德支流水源涵养区。

（4）生态建设控制要点：改善森林群落，加强对乡土植物的保护，严格控制周边乡村建设与开发建设强度。

6）锦屏山公园

（1）范围：锦屏山公园。

（2）生态保护要求：重点保护象山森林公园的山林生态资源。

（3）生态发展方向定位：城市公园。

（4）生态建设控制要点：改善森林群落，加强对乡土植物的保护，加强公园内旅游设施的环境治理。

第5章 佛山市顺德区生态保护红线划定

5.1 生态保护红线划定的操作流程

完成生态服务功能性评价、生态敏感性评价、生态安全网络格局构建等工作后，开展具体的生态保护红线划定。生态保护红线划定具体步骤分为初步划定、边界调整、范围校核调整三部分（图5-1）。根据生态服务功能、生态敏感性空间分布规律，结合已规划的生态用地保护边界，初步划定生态保护红线的范围；结合用地类型、遥感影像对生态保护红线斑块边界进行调整；征求多部门意见，综合最新相关规划边界，通过实地勘定，以保障生态格局完整连续为基本原则，对生态保护红线做最后调整。生态保护红线边界确定后，对红线内的生态本底状况开展调查，为红线划定的合理性验证和后期的管理提供支撑。

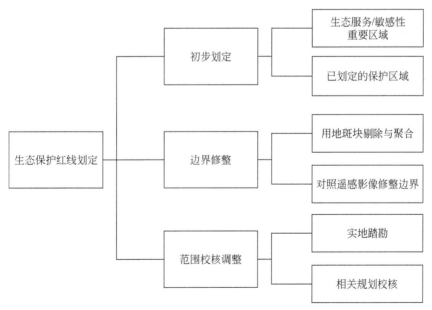

图 5-1　生态保护红线划定流程

5.2 生态保护红线划定与调整

5.2.1 生态保护红线初步划定

在生态服务功能评估、生态敏感性评估的基础上，结合顺德区土地规划、生态环境保护规划，顺德区已有保护区域边界，初步划定顺德区生态环境保护红线的适宜范围（图5-2）。红线初步划定过程重点考虑以下因素：

(1) 生态服务功能极重要区域。

(2) 生态极敏感区域。

(3) 自然保护区、风景名胜区边界。

(4) 一级、二级水源保护区边界。

(5) 基本农田集中区、面积连片基塘。

(6) 森林公园、郊野公园、其他重要苗圃绿地。

(7) 主干河流，其两岸200m内植被覆盖度较高地区。

(8) 镇街内主要河涌。

(9) 道路防护绿带、隔离绿地。

(10) 其他需要进行生态控制的区域。

本次顺德区生态保护红线初步划定区域面积约为332km²，占其土地面积的40.8%。该范围覆盖顺德区大部分非建设用地，且该范围与重要生态用地分析范围相近。

5.2.2 生态保护红线边界修整

在初步划定范围的基础上，识别生态保护红线内各类生态用地的类型（表5-1），结合用地类型与土地利用现状、土地利用规划边界，剔除初步划定范围内具有一定规模的建设用地，如农村居民点、采矿用地、水工建筑等。

通过地理信息系统，结合高分辨率遥感影像的地表特征物，对地块边界进行调整。为避免红线单元破碎化，消除地块空洞，并对相同类型的地块合并边界。本次规划除小型林地斑块，划定范围内的最小用地斑块面积为1hm²。具体步骤如下。

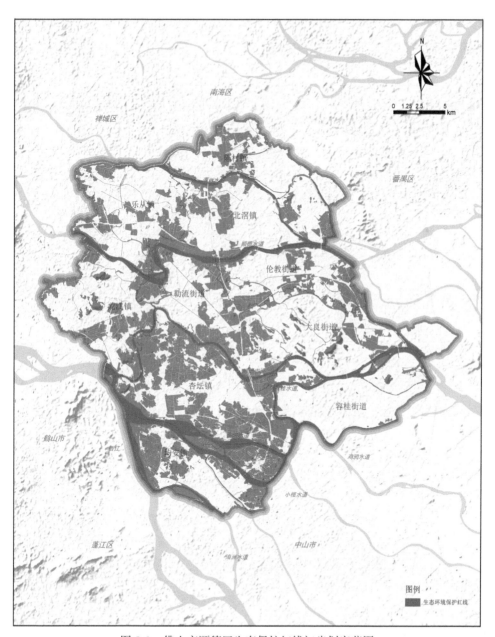

图 5-2　佛山市顺德区生态保护红线初步划定范围

表 5-1　初步划定生态保护红线内地块分类表

| I 级分类 | | II 级分类 | |
序号	名称	序号	名称
1	特殊地类	1-1	水源保护区
		1-2	风景名胜区
2	林地	2-1	生态公益林
		2-2	经济林
		2-3	用材林
3	湿地	3-1	河流
		3-2	河涌
		3-3	湖泊
		3-4	水库
		3-5	基塘
4	农田	4-1	耕地
		4-2	园地
5	城市绿地	5-1	城市公园
		5-2	防护绿地

1. 数据聚合

利用地理信息系统软件将顺德区生态系统服务重要性和生态敏感性评估数据转换为 Shape 格式，通过聚合工具将相对聚集或邻近的图斑聚合为相对完整连片的图斑，聚合距离为 250m，最小孔洞大小为 1hm^2。

2. 破碎斑块扣除

除林地、物种栖息地或其他具有重要生态保护价值的区域须予以保留，将评估所得的面积在 1hm^2 以下的独立图斑删除，减少红线区的破碎化程度。

为了保持生态保护红线区完整性，顺德区基塘、园地、耕地内保留面积较小的村庄、道路等地块。经过对地块边界的修整，初步划定范围面积修整为 274.7km^2。

5.2.3　生态保护红线范围校核

通过征询部门意见，协调顺德区重点建设的发展单元，综合考虑已批和在批控制性详细规划（简称控规）以及正在建设的新城、产业园等建设规划，包括

《佛山市顺德区分区控制大纲规划》 《顺德区功能片区土地利用总体规划（2010—2020）》控规边界分布图，对 274.7km² 的修整范围进行校核（图5-3）。

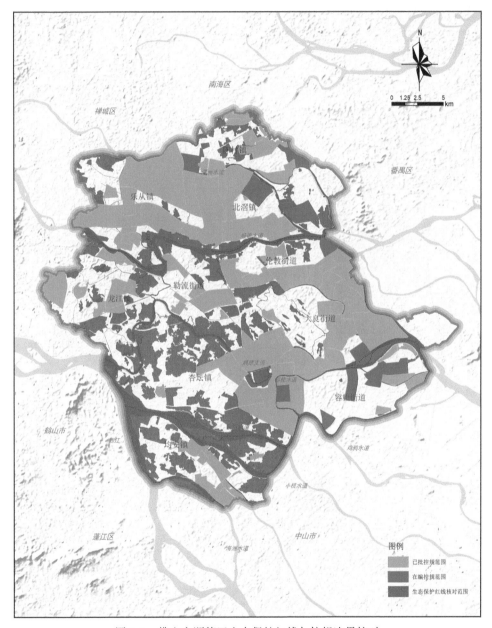

图 5-3　佛山市顺德区生态保护红线与控规边界核对

　　重点针对佛山乐从组团、德胜新城发展单元、顺德新城发展单元、西部生态工业园组团范围内的用地进行核对，保留重要水系、山体、基本农田，扣除部分建设用地（图5-4）。

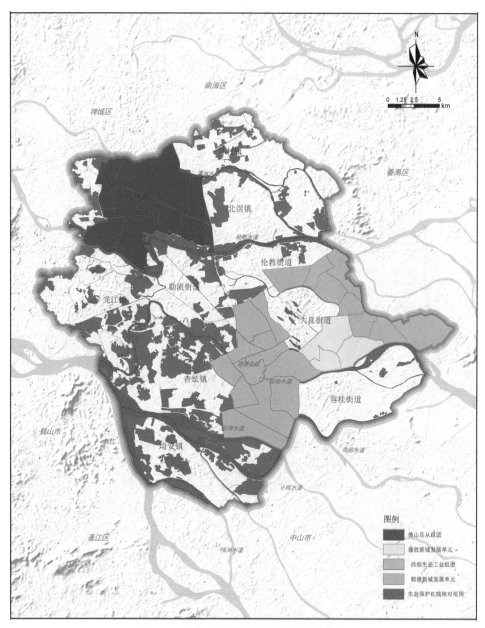

图 5-4　佛山市顺德区协调重点发展单元

5.2.4 生态保护红线覆盖范围评估

通过与相关规划边界相协调，并且结合实地探勘，尊重现状开发情况的基础上，划定顺德区生态保护红线区域面积约为174.69km²，占土地面积的21.66%。该生态环境保护红线覆盖全区52.3%的生态极重要区域。杏坛镇、均安镇生态资源较为丰富，生态保护红线面积占辖区土地面积比重较大（表5-2），生态保护红线比例均超过30%。

表5-2　佛山市顺德区生态保护红线面积统计

镇街名	行政区面积/km²	生态保护红线面积/km²	生态保护红线占行政区比例/%
容桂街道	80.28	10.83	13.50
大良街道	80.29	10.29	12.81
陈村镇	50.70	5.62	11.08
龙江镇	73.85	18.13	24.55
伦教街道	59.32	9.19	15.48
乐从镇	77.85	13.43	17.25
北滘镇	92.11	11.46	12.44
均安镇	79.45	29.44	37.05
勒流街道	90.78	24.05	26.49
杏坛镇	121.98	42.26	34.64
顺德区	806.61	174.69	21.66

顺德区生态保护红线区域以湿地、森林、农田为主。总体来看，生态保护红线覆盖了80.16%的森林、45.81%的湿地生态系统（表5-3）。生态保护红线覆盖地区包括顺德水道、西江、东海水道等主要河流，部分基本农田保护区，顺峰山、大金山、锦屏山等城市绿核（图5-5）。

表5-3　佛山市顺德区生态保护红线内生态系统面积统计

生态系统类型	红线范围内面积/km²	顺德区范围内面积/km²	红线覆盖比例/%
森林	14.14	17.64	80.16
湿地	192.94	336.00	45.81
农田	6.64	43.07	15.42

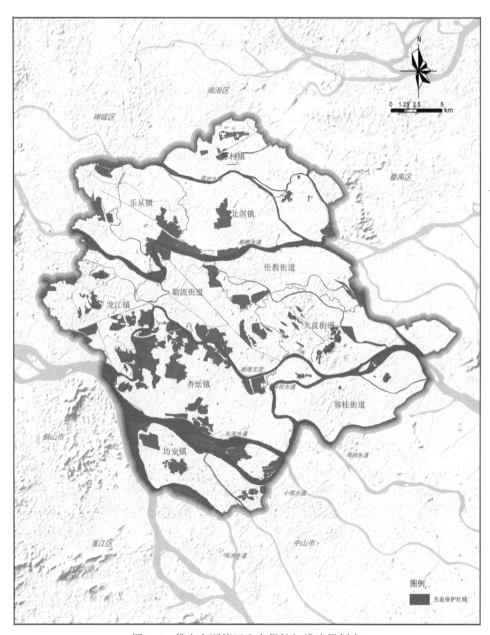

图 5-5　佛山市顺德区生态保护红线边界划定

5.3 生态保护红线单元分类

5.3.1 生态保护红线单元分类目的

根据顺德区生态服务功能、生态敏感性和生态胁迫压力的空间分异规律，对生态保护红线进行管理单元区划，为实施差异化的生态保护、管理与建设，促进资源合理利用、生态系统保育和环境条件改善提供指导。

1. 实现连片管理

顺德区生态保护红线内用地类型复杂，斑块数量多，为保证红线范围内的生态功能的完整性，以及减少管理对象数量便于管理，通过划定单元的方式，实现连片管理。

2. 落实管理责任主体

落实各类生态保护红线单元的管理任务，确定区级政府和镇级政府各个相关部门的分工，明确各红线单元的管理目标与考核指标。

5.3.2 生态保护红线管理单元分类结果

将顺德区生态保护红线划分为饮用水源保护单元、河流保护单元、林地保育单元、基塘保护单元、农田保护单元、河涌生态恢复单元等六类管理单元，单元总数为85个。各类别统计信息见表5-4，空间分布见图5-6。

表5-4 顺德区生态保护红线管理单元统计

类别	单元个数	面积/km²
饮用水源保护单元	5	25.82
河流保护单元	16	43.17
林地保育单元	18	14.14
基塘保护单元	21	76.87
农田保护单元	6	6.64
河涌生态恢复单元	19	8.05
总计	85	174.69

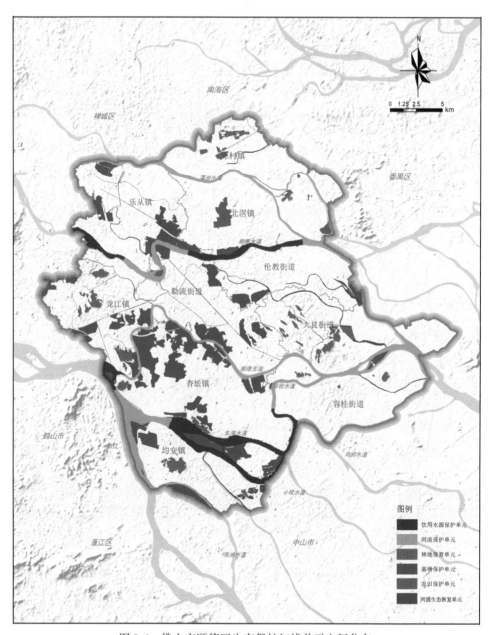

图 5-6　佛山市顺德区生态保护红线单元空间分布

5.4 生态保护红线管理单元现状调查

5.4.1 饮用水源保护地野外调查分析

顺德区水源保护区多设置在北江的顺德水道，而顺德水道周边城镇化程度较高，水源水质容易受到区域环境因素的影响。顺德水道大部分河岸已经硬质化，生物多样性低，基本丧失自然属性；西南片区由于城镇化水平低，水体受区域工业和生活源污染物的影响程度较小，水质较好，且水资源相对更加丰富，是未来顺德区乃至顺德区以外的其他地区的重要水源。

1. 杏坛–均安水源地

1）地理位置

N22°45′15.4″，E113°8′7.7″。

2）沿岸主要植被

细叶榕（*Ficus microcarpa*）、木棉（*Bombax ceiba*）、台湾相思（*Acacia confusa*）。

3）水质状况

Ⅱ类。

4）总体状况评价（图5-7）

水源地水质较好；受工业和城市发展的胁迫或影响程度较小，主要受周围生活污染源以及货运船只燃油泄漏的影响；河岸人为改造程度相对较低，但植被生物多样性较低，植被覆盖多以灌木和草本为主。

图 5-7 杏坛–均安水源地现场调研图

2. 龙江水厂水源保地

1）地理位置

N 22°54′6″E，113°4′2″。

2）沿岸主要植被

苦楝（*Melia azedarach*）、木油桐（*Vernicia montana*）、海桐（*Pittosporum tobira*）、金叶女贞（*Ligustrum×vicaryi* Rehder）、马缨丹（*Lantana camara*）、紫鸭跖草（*Tradescantia pallida*）等。

3）水质状况

Ⅲ类。

4）总体状况评价（图5-8）

水质状况符合饮用水标准，但大肠杆菌超标情况较多；受周围工业和城市发展的胁迫或影响程度较大，水道上货运船只燃油泄漏也有一定程度影响；河岸受人为改造程度相对较高，部分河段已经硬质化，植被生物多样性较低，植被覆盖多以灌木和草本为主。

图5-8　龙江水厂水源地现场调研图

5.4.2　河涌恢复区野外调查分析

本次划入生态红线范围内的河涌恢复区，水体水质经过各级政府的综合治理，生态环境已经明显改善，此次调研并未发现水体发黑、发臭的现象。但沿岸基本硬质化，植被以城市行道树为主，生物多样性和景观多样性偏低。并且大部分河涌集水区尚未完成截污，污水没有收集进管网系统进行处理，特别是老城区和农村地区的生活污水对河涌恢复区水质的影响较大。

1. 大良河

1）地理位置

N22°49′51″，E113°15′4″。

2）沿岸主要植被

细叶榕（*Ficus microcarpa*）、小叶榄仁（*Terminalia neotaliala*）、香蕉（*Musa nana*）、红花羊蹄甲（*Bauhinia blakeana*）、水杉（*Metasequoia glyptostroboides*）等。

3）水质状况

部分河段可达Ⅳ类。

4）总体状况评价（图5-9）

没有发现水体发黑、发臭的现象，总体水质趋好，水质受到上游来水水质的影响较大；新城区集水区范围内基本完成雨污分流工作，但老城区（"三旧改造"集中区）尚未完成该项工作，老城区生活污水直接排入大良河；河岸受人为改造程度较高，大部分河段已经硬质化，植被生物多样性较低，植被覆盖多以城市行道树为主；在九亩沙附近河段发现水葫芦。

图 5-9　大良河现场调研图

2. 文海河

1）地理位置

N 22°59′39″，E 113°11′54″。

2）沿岸主要植被

落叶松（*Larix gmelinii*）、构树（*Broussonetia papyrifera*）等。

3）水质状况

Ⅴ类。

4）总体状况评价（图 5-10）

没有发现水体发黑、发臭的现象；周边建设主要为工厂和农村居住用地，水质主要受到生活污染源的影响较大；河流外 20m 为禁建红线，河流岸线保护较好。

图 5-10　文海河现场调研图

3. 龙江大涌

1）地理位置

N 22°53′34″，E 113°4′23″。

2）沿岸主要植被

木荷（*Schima superba*）、细叶榕（*Ficus microcarpa*）等。

3）水质状况

Ⅴ类。

4）总体状况评价（图5-11）

没有发现水体发黑、发臭的现象，但水面上有固体垃圾漂浮物；受周边生活污染源的影响较大，特别是农村污水的收集程度不高；河岸受人为改造程度较高，大部分河段已经硬质化，植被覆盖多以城市行道树为主。

图5-11　龙江大涌现场调研图

5.4.3　基塘保护区野外调查分析

顺德区基塘的高标准整治主要集中于南朗村和古朗村，高标准整治后的基塘稳定性增加，未发现塘基坍塌的现象，且基塘比有显著增加，可作为其他地区基塘整治的典型示范。与高标准整治过的基塘相比，尚未整治的基塘缺乏有效管护，甚至有塘基坍塌的现象。无论是否已经进行高标准整治，基塘水体中均有蓝藻出现，养殖水体存在富营养化的危险。

1. 南朗村

1）地理位置

N 22°48′43.6″，E 113°06′41″。

2）主要农作物和植被

香蕉（*Musa nana*）、水杉（*Metasequoia glyptostroboides*）、木棉（*Bombax ceiba*）及各类蔬菜种植。

3）主要水产养殖品种

加州鲈鱼（*Micropterus salmonides*）。

4）总体状况评价（图5-12）

相比尚未综合整治的基塘，南朗村基塘经过整治后，基塘比已经有一定程度的增加，塘基综合利用水平提高；传统的桑基鱼塘已经被菜基鱼塘所取代，塘基上主要以蔬菜种植为主；部分鱼塘出现小面积的蓝藻，可能对水产养殖造成一定程度的危害；基塘范围内的内河涌水质状况较差，可能是受到农村生活污染源和养殖污染源的综合影响。

图 5-12 南朗村基塘现场调研图

2. 新联村

1）地理位置

N 22°44′22.6″，E 113°10′56.1″。

2）主要农作物和植被

香蕉（*Musa nana*）、木瓜（*Chaenomeles sinensis*）、罗汉松（*Podocarpus mac-rophyllus*）、落叶松（*Larix gmelinii*）及各类蔬菜种植。

3）主要水产养殖品种

加州鲈鱼（Micropterus salmonides）。

4）总体状况评价（图5-13）

塘基宽度较小，基塘比较低；桑基鱼塘模式已经消失，塘基主要种植香蕉，少部分种植各类蔬菜；部分塘基仅发现一些杂草，甚至植被已经消失；养殖品种单一。

图5-13 新联村基塘现场调研图

3. 逢简村

1）地理位置

N22°48′50″，E113°8′23.3″。

2）主要农作物和植被

香蕉（*Musa nana*）、水杉（*Metasequoia glyptostroboides*）及各类蔬菜种植。

3）主要水产养殖品种

加州鲈鱼（*Micropterus salmonides*）。

4）总体状况评价（图5-14）

塘基宽度较小，基塘比较低；传统的桑基鱼塘已经被菜基鱼塘所取代，塘基上主要以蔬菜种植为主；塘基疏于管护，部分基段完全被杂草覆盖，甚至出现坍塌现象；部分鱼塘出现较大面积的蓝藻，可能对水产养殖造成一定程度的危害；养殖品种单一。

图5-14 逢简村基塘现场调研图

4. 杏坛育苗场

1) 地理位置

N 22°48′10″, E 113°5′39.4″。

2) 主要农作物和植被

香蕉 (*Musa nana*)、甘蔗 (*Saccharum officinarum*) 以及各类蔬菜种植。

3) 主要水产养殖品种

青鱼 (Mylopharyngodon piceus)、草鱼 (Ctenopharyngodon idellus)、鲢鱼 (Hypophthalmichthys molitrix)、鳙鱼 (Aristichthys nobilis) 四大家鱼与黄颡鱼 (Pelteobagrus fulvidraco)。

4) 总体状况评价 (图 5-15)

塘基宽度较小,基塘比较低;传统的桑基鱼塘已经被菜基/蕉基鱼塘所取代,塘基上主要以蔬菜种植为主;塘基疏于管护,部分基段完全被杂草覆盖,甚至出现坍塌现象;部分鱼塘出现较大面积的蓝藻,可能对水产养殖造成一定程度的危害。

图 5-15　杏坛育苗场基塘现场调研图

5.4.4 农田保护区野外调查分析

农田保护区内的花卉种植地受人为因素的控制，生物多样性较低，但区域内具有较高的植被覆盖度，具有一定的生态服务功能。整体上，花卉种植地周边人口较少，建设强度不高，短期内开发建设活动对农田保护区内的花卉种植地的影响程度有限。

1. 陈村花卉种植地 1#

1）地理位置

N22°59′39.5″，E113°11′55.7″。

2）种植的主要作物

桂花（*Osmanthus fragrans*）、棕榈（*Trachycarpus fortunei*）、年橘（*Citrus reticulata*）等。

3）总体状况评价（图 5-16）

北部有物流中心与采石场，具有明确的规划开发边界，对单元影响不大；该单元村居人口较少，建设强度不高；人工种植园地，具有较高的植被覆盖度，具有一定的生态服务功能。

图 5-16　花卉种植地 1#现场调研图

2. 陈村花卉种植地 2#

1) 地理位置

N 22°58′19.0″，E 113°11′43.4″。

2) 种植的主要作物

罗汉松（*Podocarpus macrophyllus*）、细叶榕（*Ficus microcarpa*）、冬青（*Ilex chinensis*）、桂花（*Osmanthus fragrans*）等。

3) 总体状况评价（图 5-17）

该单元周围有居民群，但建设强度不高；人工种植园地，具有较高的植被覆盖度，具有一定的生态服务功能。

图 5-17 花卉种植地 2#现场调研图

3. 陈村花卉种植地 3#

1) 地理位置

N 22°58′19.0″，E 113°11′43.4″。

2) 种植的主要作物

年橘（*Citrus reticulata*）等。

3）总体状况评价（图5-18）

调查区域内有工厂分布，未来应避免苗圃范围内宅基地过多；人工种植园地，具有较高的植被覆盖度，具有一定的生态服务功能。

图 5-18　花卉种植地 3#现场调研图

5.4.5　林地保育区野外调查分析

近年来，通过植树造林、封山育林和林相改造措施等，顺德森林生态系统逐渐得到恢复，植被覆盖度均达到 80% 以上，物种多样性逐步得到恢复。但调查发现，顺德森林生态系统主要以桉树、相思、朴树等人工纯林为主，且林龄老化，林木逐渐枯死，病虫害和有害生物危害时有发现；同时树种单一，结构简单，林分质量差，自我稳定性维护机制较为脆弱，生态效益难以充分发挥。

1. 顺峰山

1）桉树群落
地理位置：N 22°19′11″，E 113°16′37″。
乔木层：桉（*Eucalyptus robusta*）、台湾相思（*Acacia confusa*）、苦楝（*Melia*

azedarach）。

灌木和草本层：鸭脚木（*Schefflera octophylla*）、香叶树（*Lindera communis*）、山苍子（*Litsea cubeba*）、叶下珠（*Phyllanthus urinaria*）、木姜子（*Litsea pungens*）、构树（*Broussonetia papyrifera*）、蜈蚣草（*Eremochloa ciliaris*）、海金沙（*Lygodium japonicum*）、毛蕨（*Cyclosorus interruptus*）、野葛（*Pueraria lobata*）、弓果黍（*Cyrtococcum patens*）、芒（*Miscanthus sinensis*）、淡竹叶（*Lophatherum gracile*）。

2）台湾相思群落

地理位置：N 22°48′59″，E 113°16′39″。

乔木层：台湾相思（*Acacia confusa*）、桉（*Eucalyptus robusta*）、湿地松（*Pinus elliottii*）、朴树（*Celtis sinensis*）、榄仁树（*Terminalia catappa*）、木荷（*Schima superba*）、苦楝（*Melia azedarach*）、潺槁木姜子（*Litsea glutinosa*）。

灌木和草本层：鸭脚木（*Schefflera octophylla*）、朱缨花（*Calliandra haemato-cephala*）、山荆子（*Malus baccata*）、三桠苦（*Melicope pteleifolia*）、木贼麻黄（*Ephedra equisetina lopeganum sinense*）、白背叶（*Mallotus apelta*）、粗叶榕（*Ficus hirta*）、盐肤木（*Rhus chinensis*）、木姜子（*Litsea pungens*）、芒萁（*Dicranopteris pedata*）、毛蕨（*Cyclosorus interruptus*）、蜈蚣草（*Eremochloa ciliaris*）、海金沙（*Lygodium japonicum*）、畦畔莎草（*Cyperus haspan*）、芒（*Miscanthus sinensis*）、水虱草（*Fimbristylis littoralis*）、砖子苗（*Cyperus cyperoides*）、竹叶草（*Oplismenus compositus*）、弓果黍（*Cyrtococcum patens*）、野葛（*Pueraria lobata*）。

3）山下景观林群落

地理位置：N 22°49′11″，E 113°16′27″。

乔木层：小叶榕（*Ficus concinna*）、凤凰木（*Delonix regia*）、黄槿（*Hibiscus tiliaceus*）、大叶榕（*Ficus altissima*）、阴香（*Cinnamomum burmannii*）、美丽异木棉（*Ceiba speciosa*）、红花羊蹄甲（*Bauhinia blakeana*）、小叶榄仁（*Terminalia neotaliala*）、南洋楹（*Falcataria moluccana*）、白兰（*Michelia alba*）、七叶树（*Aesculus chinensis*）、印度榕（*Ficus elastica*）、水石榕（*Elaeocarpus hainanensis*）、大叶桉（*Eucalyptus robusta*）、菩提树（*Ficus religiosa*）、波罗蜜（*Artocarpus het-erophyllus*）、重阳木（*Bischofia polycarpa*）、绿黄葛树（*Ficus virens*）、无患子（*Sapindus saponaria*）、杧果（*Mangifera indica*）、水杉（*Metasequoia glyptostroboides*）、池杉（*Taxodium ascendens*）、落羽杉（*Taxodium distichum*）、龙牙花（*Erythrina corallodendron*）、榄仁树（*Terminalia catappa*）、蒲桃（*Syzygium jambos*）、鸡冠刺桐（*Erythrina crista-galli*）。

灌木和草本层：九里香（*Murraya exotica*）、夹竹桃（*Nerium oleander*）、龙船花（*Ixora chinensis*）、黄金榕（*Ficus microcarpa* 'Golden Leaves'）、海桐

（*Pittosporum tobira*）、四季桂（*Osmanthus fragrans*）、红千层（*Callistemon rigidus*）、紫薇（*Lagerstroemia indica*）、鸡蛋花（*Plumeria rubra*）、大花紫薇（*Lagerstroemia speciosa*）、地毯草（*Axonopus compressus*）、花叶艳山姜（*Alpinia zerumbet 'variegata'*）、合果芋（*Syngonium podophyllum*）、吊兰（*Chlorophytum comosum*）、假俭草（*Eremochloa ophiuroides*）、沟叶结缕草（*Zoysia matrella*）、狗牙根（*Cynodon dactylon*）。

4）总体状况评价（图5-19）

顺峰山公园植被覆盖度在80%以上，且有明确的公园边界；与珠三角地带性植被相比，生物多样性较低，林相单一，群落主要以相思、桉树和行道树群落为主，均属于人工林；林木林龄总体不大，径级较小，林龄老化，林木逐渐枯死，且有断头树以及病虫害等出现，林相较差，生态服务功能有限，且影响森林的美学价值；部分山体由于地质灾害原因，处于裸露状态；坡度较大、土层较薄的区域种植有大面积的桉树，一定程度上会限制树木的生长，且不利于防治地质灾害的发生，未来应因地制宜的选择灌木、草本植被进行坡面植被的恢复。

大叶相思群落

木荷群落

南洋楹群落

桉树群落

图5-19 顺峰山林地现场调研图

2. 马宁山

1) 朴树群落

地理位置：N 22°44′41.6″，E 113°9′6.5″。

乔木层：朴树（*Celtis sinensis*）、台湾相思（*Acacia confusa*）、木荷（*Schima superba*）、苦楝（*Melia azedarach*）、木油桐（*Vernicia montana*）、粉叶羊蹄甲（*Bauhinia glauca*）、榄仁树（*Terminalia catappa*）、大叶樟（*Cinnamomum austrosinense*）、白兰（*Michelia alba*）、壳苹果（*Mytilaria laosensis*）、阴香（*Cinnamomum burmannii*）、蓝花楹（*Jacaranda mimosifolia*）、蒲桃（*Syzygium jambos*）。

灌木和草本层：构树（*Broussonetia papyrifera*）、山黄麻（*Trema tomentosa*）、大花紫薇（*Lagerstroemia speciosa*）、粗叶榕（*Ficus hirta*）、华南毛柃（*Eurya ciliata*）、九里香（*Murraya exotica*）、盐肤木（*Rhus chinensis*）、小蜡（*Ligustrum sinense*）、鬼针草（*Bidens pilosa*）、马缨丹（*Lantana camara*）、海金沙（*Lygodium japonicum*）、山菅兰（*Dianella ensifolia*）、粽叶芦（*Thysanolaena maxima*）、海芋（*Alocasia macrorrhiza*）、类芦（*Neyraudia reynaudiana*）、野葛（*Pueraria lobata*）、青葙（*Celosia argentea*）、假蒟（*Piper sarmentosum*）。

2) 台湾相思群落

地理位置：N 22°45′15.1″，E 113°8′16.8″。

乔木层：朴树（*Celtis sinensis*）、台湾相思（*Acacia confusa*）、木荷（*Schima superba*）、苦楝（*Melia azedarach*）、木油桐（*Vernicia montana*）、樟（*Cinnamomum camphora*）、榄仁树（*Terminalia catappa*）、枫香树（*Liquidambar formosana*）、杜英（*Elaeocarpus decipiens*）、壳苹果（*Mytilaria laosensis*）、蒲桃（*Syzygium jambos*）。

灌木和草本层：构树（*Broussonetia papyrifera*）、山黄麻（*Trema tomentosa*）、牡荆（*Vitex negundo*）、粗叶榕（*Ficus hirta*）、土蜜树（*Bridelia tomentosa*）、野牡丹（*Melastoma malabathricum*）、毛蕨（*Cyclosorus interruptus*）、杜茎山（*Maesa japonica*）、山苍子（*Litsea cubeba*）、弓果黍（*Cyrtococcum patens*）、鬼针草（*Bidens pilosa*）、藿香蓟（*Ageratum conyzoides*）、珍珠草（*Micranthemum micranthemoides*）、水蔗草（*Apluda mutica*）、半边旗（*Pteris semipinnata*）、山菅兰（*Dianella ensifolia*）、蜈蚣草（*Eremochloa ciliaris*）。

3) 总体状况评价（图 5-20）

经过数年的封山育林，马宁山植被覆盖度已经达到 80% 以上；尽管与珠三角地带性植被相比，生物多样性较低，林相单一，群落主要以相思和朴树群落为主；但与顺峰山相比，马宁山出现了积极的自然演替现象；部分山体尚处于裸露状态,应注意防治地质灾害的发生。

大叶相思群落   朴树群落

图 5-20   马宁山林地现场调研图

3. 大金山

1) 红锥+木油桐群落

地理位置:N 22°49′16.5″,E 113°4′19.6″。

乔木层:红锥(*Castanopsis hystrix*)、木油桐(*Vernicia montana*)、山杜英(*Elaeocarpus sylvestris*)、苦楝(*Melia azedarach*)、枫香树(*Liquidambar formosana*)、大叶樟(*Cinnamomum austrosinense*)、朴树(*Celtis sinensis*)、壳苹果(*Mytilaria laosensis*)、大叶杜英(*Elaeocarpus balansae*)、米槠(*Castanopsis carlesii*)、木荷(*Schima superba*)。

灌木和草本层:鸭脚木(*Schefflera octophylla*)、粗叶榕(*Ficus hirta*)、香叶树(*Lindera communis*)、木姜子(*Litsea pungens*)、白背叶(*Mallotus apelta*)、野牡丹(*Melastoma malabathricum*)、叶下珠(*Phyllanthus urinaria*)、光叶山黄麻

（*Trema cannabina*）、台湾榕（*Ficus formosana*）、芒萁（*Dicranopteris dichotoma*）、海金沙（*Lygodium japonicum*）、蜈蚣草（*Eremochloa ciliaris*）、弓果黍（*Cyrtococcum patens*）、白茅（*Imperata cylindrica*）、假蒟（*Piper sarmentosum*）、山菅兰（*Dianella ensifolia*）、地桃花（*Urena lobata*）、芒（*Miscanthus sinensis*）。

2）山杜英+木荷群落

地理位置：N 22°49′6.5″，E 113°4′19.4″。

乔木层：山杜英（*Elaeocarpus sylvestris*）、木荷（*Schima superba*）、木油桐（*Vernicia montana*）、红锥（*Castanopsis hystrix*）、苦楝（*Melia azedarach*）、枫香树（*Liquidambar formosana*）、乌桕（*Triadica sebifera*）、大叶樟（*Cinnamomum austrosinense*）、壳苹果（*Mytilaria laosensis*）、桉（*Eucalyptus robusta*）、大叶杜英（*Elaeocarpus balansae*）。

灌木和草本层：白背叶（*Mallotus apelta*）、鸭脚木（*Schefflera octophylla*）、野牡丹（*Melastoma malabathricum*）、光叶山黄麻（*Trema cannabina*）、粗叶榕（*Ficus hirta*）、黄毛楤木（*Aralia chinensis*）、马缨丹（*Lantana camara*）、八角枫（*Alangium chinense*）、梅叶冬青（*Ilex asprella*）、华南毛柃（*Eurya ciliata*）、芒萁（*Dicranopteris dichotoma*）、海金沙（*Lygodium japonicum*）、淡竹叶（*Lophatherum gracile*）、鬼针草（*Bidens pilosa*）、山菅兰（*Dianella ensifolia*）、藿香蓟（*Ageratum conyzoides*）、火炭母（*Polygonum chinensis*）。

3）总体状况评价（图5-21）

大金山植被覆盖度已经达到80%以上；尽管与珠三角地带性植被相比，生物多样性较低，林相单一，群落主要以红锥+木油桐群落和山杜英+木荷群落为主；但与顺峰山相比，金山生物多样性处于较高水平；由于林地恢复时间较短，林地群落高度相对较低，6～7m。

桉树群落　　　　　　　　　　　　木荷群落

南洋楹群落   桉树群落

图 5-21 大金山林地现场调研图

第6章 | 佛山市顺德区生态保护红线精准化与勘界

6.1 生态保护红线精准化与勘界的目标与内容

6.1.1 研究目标

在生态保护红线边界划定的基础上，参照相关测绘标准，制定建立顺德区生态保护红线精准化工作方案，结合遥感测量与数字地图技术，构建大比例尺精准化电子数据，实现边界精准化落地，形成符合部门管理需求的勘定管控图集与数据集。

6.1.2 研究内容

1. 内业校核与修订，形成初步成果

以顺德区 2016 年土地利用现状图、顺德区 2017 年 0.5m 分辨率的卫星影像数据、顺德区 1 : 500 现势地形图为参考底图，对第 4 章、第 5 章佛山市顺德区生态保护红线划定成果的边界范围进行内业处理，纠正其空间坐标偏差，调整其与土地利用数据、影像数据、地形数据的冲突，形成顺德区生态保护红线勘界定标初步成果。

2. 内业数据更新，形成修订成果

向顺德区相关区属部门、镇街下发生态保护红线工作底图，到各区属部门及各个镇街开展项目研讨会，收集初次反馈意见，对工作底图进行调整。

利用顺德区 2017 年最新土地利用规划数据、顺德区 29 个控制性详细规划数据、各镇街具体反馈意见，对工作底图进行进一步的调整，调整红线内基本农田区域、剔除红线内所有建设用地、扣除各镇宅基地预留地块，对初步成果进行调整。

向顺德区相关区属部门、镇街下发修改成果，二次征集相关区属部门、镇街意见，核实生态保护红线边界的准确性，根据各区属部门、镇街单位的二次反馈意见，形成顺德区生态保护红线修订成果。

3. 开展外业现场勘界

在已完成边界校核的成果基础上，以顺德区 1∶500 地形图为参考底图，开展外业勘定工作。工作内容包括：对界桩、标志牌点位进行勘定；对内业无法明确的区域进行勘定；对临近拟开发区域的点位或边界进行勘定。

4. 成果检查与汇总入库，形成最终成果

整理生态红线内、外业数据，将顺德区生态保护红线最终成果按照五大类型管理单元分别输出 SHP 格式及 CAD 格式数据，对界桩、标志牌进行编号，登记坐标信息，形成数据库，编写生态保护红线勘定报告，形成顺德区生态保护红线最终成果。

6.1.3　技术路线

根据研究内容，确定生态保护红线划定精准化与勘界的技术路线，具体如图 6-1 所示。

6.2　精准化勘界技术要求

6.2.1　坐标系统

1954 北京坐标系，中央子午线 114°，后续所需其他坐标系的成果可直接通过严密的坐标转换参数进行转换。

6.2.2　外业勘界精度

对于需要外业勘定的点，经过实地勘定后采集界址点的实地坐标，界址点测量满足一类界址点测量要求，与邻近控制点的点位中误差小于等于 5cm，界址点间距中误差小于等于 5cm，与邻近地物点的间距中误差小于等于 5cm。

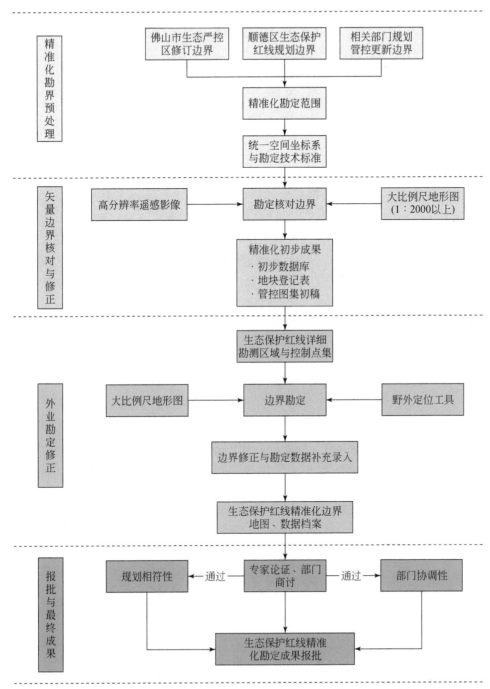

图 6-1 佛山市顺德区生态保护红线划定精准化与勘界技术路线图

6.3 内业精准化勘界主要参考依据

6.3.1 佛山市顺德区生态保护红线划定成果

第 5 章中已划定的佛山市顺德区生态保护红线成果采用阿尔伯斯正轴等面积双标准纬线圆锥投影（南标准纬线：25°S，北标准纬线：47°N，中央经线：105°E，坐标原点：105°E 与赤道的交点，纬向偏移：0，经向偏移：0），而佛山市目前使用的佛山市统一坐标系和顺德区使用的 1954 北京坐标系均为高斯克吕格（等角投影），两种投影方式存在一定的偏差，经过叠加分析，确定佛山市顺德区生态保护红线成果与顺德区现有的土地利用数据存在一定的偏差，且由于规划生态保护红线的投影参数缺失，无法通过常规的投影变换方法进行坐标纠正。因此为解决空间位置差异和面积差异的问题，采用空间比对的方式确定规划生态保护红线所依据的土地利用边界，先进行边界替换再进行属性替换，确保重新生成的生态保护红线既继承了先前成果的属性信息又在地理空间位置上与土地利用现状图保持一致。

6.3.2 佛山市顺德区土地利用现状图

土地利用数据主要反映用地要素的状态、特征、动态变化、分布特点，是土地的开发利用、治理改造、管理保护和土地利用规划等活动所使用到的最权威数据。利用顺德区 2016 年土地利用现状图，对佛山市顺德区生态保护红线成果进行验证和修订，对比二者差异。顺德区土地利用现状图包含城市、建制镇、旱地、有林地、村庄、公路用地、其他林地、其他草地、内陆滩涂、农村道路、可调整其他园地、可调整坑塘水面、可调整果园、坑塘水面等 27 类用地数据。

6.3.3 佛山市顺德区 2017 年 0.5m 分辨率卫星影像图

卫星影像图主要是用于规划生态保护红线与土地利用现状图出现不一致情况时，依据卫星影像图对生态保护红线进行修订（图 6-2）。

图 6-2　佛山市顺德区高分辨率卫星影像局部区域示意图

6.3.4　佛山市顺德区 1：500 现势性地形图

1：500 地形图为高精度的基础参考数据，是内业比对分析以及外业勘定的工作底图。

6.3.5　佛山市顺德区土地利用规划期末地类图斑

筛选土地利用规划期末图斑中的规划建设用地，如果规划建设用地与生态保护红线冲突，则将其扣除。

6.3.6　佛山市顺德区永久基本农田图斑

依据《佛山市顺德区土地利用总体规划调整完善方案》的永久基本农田范围，对生态保护红线中的基塘保护区单元和基本农田保护区单元进行调整，以确保生态保护红线中的基塘保护区单元和基本农田保护区单元都属于永久基本农田。

6.3.7　佛山市顺德区饮用水源保护区

　　综合佛山市顺德区已划定的羊额−北滘水厂、藤溪水厂、容奇−桂洲水厂等8个饮用水源保护区数据（图6-3），依据水源保护区批文表述的空间边界，利用土地利用、地形数据对饮用水保护区单元进行调整，以确保生态保护红线中的饮用水保护区单元边界与范围符合水源保护区批文要求。

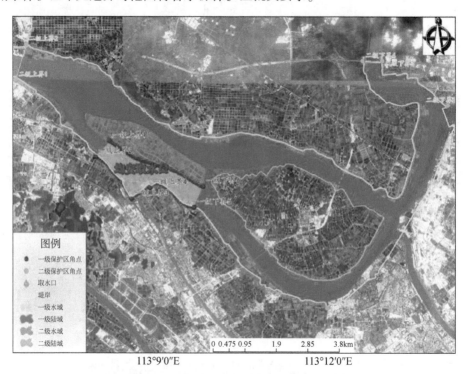

图例
- 一级保护区角点
- 二级保护区角点
- 取水口
- 堤岸
- 一级水域
- 一级陆域
- 二级水域
- 二级陆域

0 0.475 0.95　　　1.9　　　2.85　　　3.8km

113°9′0″E　　　　　　　　　　113°12′0″E

图6-3　佛山市顺德区饮用水源保护区

6.3.8　佛山市顺德区相关控制性详细规划

　　利用生态保护红线规划范围涉及的29个控制性详细规划数据对生态保护红线进行修订，避免生态保护红线与控制性详细规划相冲突。

6.3.9　佛山市顺德区各镇街拟开发重点建设项目空间边界数据

　　利用各镇街拟开发建设项目的空间边界对生态保护红线进行修订，消除重叠的区域，避免生态保护红线与各镇街重点建设项目相冲突（图6-4）。

图6-4　佛山市顺德区各镇街拟开发重点建设项目空间边界示意图

6.4　生态保护红线内业修订与校核初步成果

6.4.1　空间位置校准与对比分析

由于佛山市顺德区生态保护红线成果的生态保护红线与土地利用现状图的坐标系统以及投影方式不一样，利用 ArcGIS 自带的投影变换工具进行转换后，规划生态保护红线与土地利用现状图的空间位置和面积存在较大的偏差。由于规划生态保护红线的空间投影参数以及之前的变换过程未知，所以也难以使用坐标转换参数进行严密的坐标转换。因此为解决空间位置差异和面积差异的问题，采用空间比对的方式确定规划生态保护红线所依据的土地利用边界。先进行边界替换再进行属性替换，确保重新生成的生态保护红线既继承原有成果的属性，又在地理空间位置上与土地利用现状图保持一致（图6-5）。

利用 ArcGIS 的 ArcToolbox/数据管理工具/要素/要素转点，将规划生态保护红线转成点状，此时的点状要素包含规划生态保护红线的属性值。利用 ArcGIS 的 ArcToolbox/分析工具/叠加分析/空间连接工具，将属性赋予新的保护红线

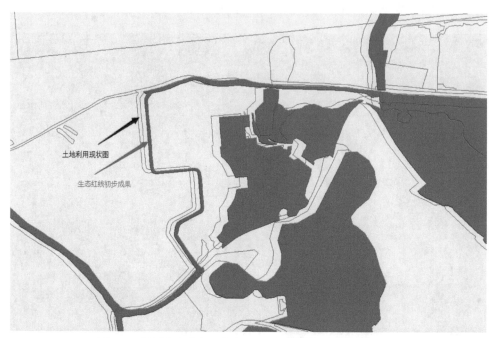

图 6-5　规划生态保护红线与土地利用数据的空间位置偏差

（利用土地利用现状图重新生成）。各个图层的属性结构如表 6-1 所示。

表 6-1　保护红线属性结构表

序号	字段名称	类型	长度	约束	字段说明
1	DLMC	Text	60	M	汉字、字母和数字组合，汉字字符集遵循 GB 18030 规定
2	QSDWDM	Text	19	C	数字组合
3	QSDWMC	Text	60	C	汉字组合
4	地块位置	Text	50	C	汉字组合
5	地块代码	Text	50	C	数字组合
6	地块名称	Text	50	C	汉字、字母和数字组合，汉字字符集遵循 GB 18030 规定
7	主导功能	Text	50	C	汉字组合
8	地理位置	Text	50	C	汉字组合
9	地块面积	Double	(10, 6)	C	字段长度：10，小数位数：6
10	面临压力	Text	50	C	汉字组合
11	管控目标	Text	50	C	汉字组合

续表

序号	字段名称	类型	长度	约束	字段说明
12	管控指引	Text	50	C	汉字组合
13	备注	Text	50	C	汉字组合
14	单元名称	Text	50	C	汉字组合
15	单元代码	Text	50	C	数字组合
16	单元类别	Text	50	C	汉字组合
17	XZQMC	Text	100	C	汉字组合

注：表中 M 表示必填项，C 表示条件必选项。

经过上述处理，解决了规划生态保护红线的空间位置偏差问题，使其坐标系统与顺德区使用的 1954 北京坐标系相一致，并且与佛山市统一坐标系、WGS84、国家 2000 坐标系都能实现准确的转换（图 6-6、图 6-7）。

图 6-6　空间位置校正前

图 6-7　空间位置校正后

　　利用 2016 年土地利用现状图对规划生态保护红线进行空间位置校正后，还需进行全面的比对分析，比对分析主要是修正存在的明显不一致的情况。对于经过空间位置校正后的生态保护红线与土地利用现状图仍然存在较大差异的区域，需要进行标记，以便后续利用最新的卫星遥感影像和 1∶500 地形图进行进一步的内业勘定（图 6-8、图 6-9）。

6.4.2　卫星遥感影像和 1∶500 地形图比对分析

　　利用顺德区 2017 年高分辨率的卫星影像以及现势性的地形图对生态保护红线进行内业核定，对之前生态保护红线划定阶段由于操作等原因产生的很小面积的问题图斑进行了处理，对生态保护红线与卫星影像图、地形图不一致的区域进行了改正处理，消除差异（图 6-10、图 6-11）。

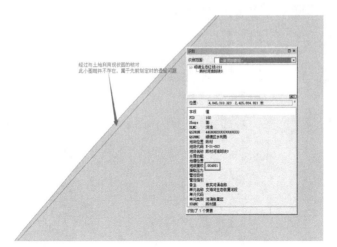

图 6-8　可明显判定并处理的问题

图 6-9　标定通过比对土地利用现状图较难确定的区域
圆形斑块处需进一步核实

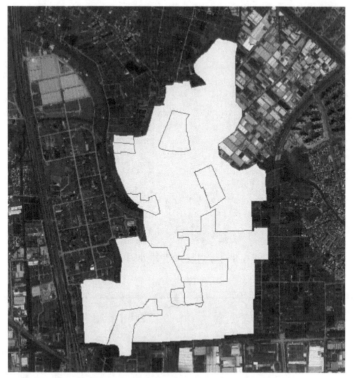

图 6-10　利用卫星影像进行生态保护红线的核定

图 6-11　利用 1∶500 地形图进行生态保护红线的核定

6.4.3　初步修订成果

初步修订成果主要是对规划生态保护红线的空间位置做了校正,并结合地形图和影像图对部分边界进行了修订,初步修订成果与规划成果对比如下(表6-2)。

表6-2　初步修订成果与规划成果对比表

镇街名	行政区面积/km²	规划生态保护红线面积/km²	初步修订后生态保护红线面积/km²	规划生态保护红线占行政区比例/%	初步修订后生态保护红线占行政区比例/%
容桂街道	80.28	10.83	10.84	13.50	13.50
大良街道	80.29	10.29	10.22	12.81	12.73
陈村镇	50.70	5.62	6.19	11.08	12.21
龙江镇	73.85	18.13	18.59	24.55	25.17
伦教街道	59.32	9.18	9.50	15.48	16.01
乐从镇	77.85	13.43	13.77	17.25	17.69
北滘镇	92.11	11.46	11.38	12.44	12.35
均安镇	79.45	29.44	29.83	37.05	37.54
勒流街道	90.78	24.05	24.50	26.49	26.99
杏坛镇	121.98	42.26	43.29	34.64	35.49
顺德区	806.61	174.69	178.11	21.66	22.08

6.5　生态保护红线内业数据更新

佛山市顺德区生态保护红线成果于2016年颁布实施,在颁布实施后的几年里,由于缺乏管理制度,且生态保护红线成果未能严格与各相关部门和镇街对接,导致部分规划范围、拟建设的重点项目范围已经与生态保护红线存在冲突。为避免后续管理出现问题,需要对现有成果进行更新。

广泛收集顺德区属相关部门和各镇街对佛山市顺德区生态保护红线成果最新的意见和建议,结合最新的各类规划成果和各镇街拟建设的重点项目范围对其进行调整修订。调整修订时遵循生态保护红线总体比例大致不变的原则。

6.5.1　核对最新土地利用规划

根据各镇街开展的项目调研获悉,顺德区在2017年9月完成最新的土地利用规划编制工作，多处土地利用性质发生改变。利用 2017 年顺德区最新土地利用规划《佛山市顺德区土地利用总体规划（2010—2020 年）调整完善方案》，对生态保护红线进行调整。

更新农田保护区单元和基塘保护区单元边界。删除原生态保护红线农田保护区单元和基塘保护区单元中不属于基本农田的区域，将基本农田中未纳入原生态保护红线范围的区域调入生态保护红线范围（图 6-12、图 6-13）。

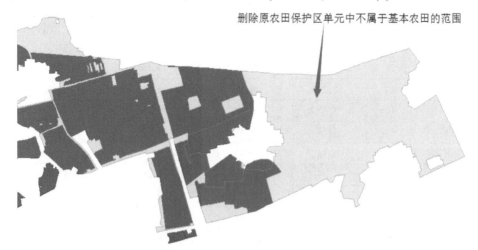

图 6-12　删除原农田保护区单元中不属于基本农田的范围

图 6-13　将基本农田中未纳入原生态保护红线的区域调入生态保护红线

依据《佛山市顺德区土地利用总体规划（2010—2020 年）调整完善方案》，扣除生态保护红线中的预留建设用地和宅基地。具体操作方法：根据"期末地类图斑"数据，扣除各镇街建设用地范围、宅基地预留范围（期末地类图斑QMGHFLBM 属性字段中以"2"开头的为建设用地）（图 6-14）。

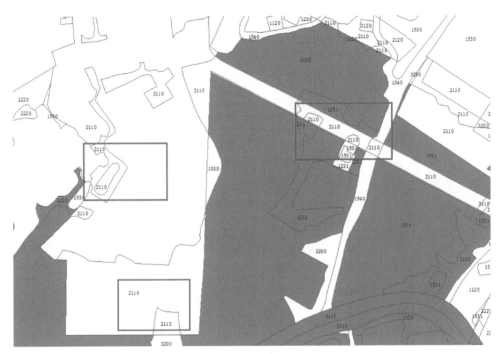

图 6-14　扣除建设用地

6.5.2　核对最新控规

规划生态保护红线颁布实施后，规划主管部门在开展规划审批业务时未将规划生态保护红线纳入审批参考要素，导致已批准的部分控规边界存在与规划生态保护红线相冲突。为消除控规与规划生态保护红线的冲突，核对与生态保护红线相关的 29 个控规，调整了生态保护红线中与控规冲突的部分。

6.5.3　核对顺德区属部门、镇街反馈的拟建设重点项目范围

根据各区属部门、镇街单位的反馈意见，核实区属部门、镇街提出的剔除或避让的项目区域。核实项目如表 6-3 所示。

表 6-3　各镇街重点项目清单

单位	核实项目
陈村镇	1. 大都留用地、绀现留用地；2. 佛山轨道交通 2 号线仙涌、石洲站；3. 厘涌电排站
杏坛镇	1. 象山、马宁山区域；2. 珠江三角洲水资源配置工程；3. 顺控环投热电项目配套道路；4. 了哥山港作业码头；5. 顺德 II 站 500kV 变电站及配套道路；6. 吉祐留用地；7. 麦村入村路；8. 昌教储备地；9. 永安堂扩建及配套道路；10. 青田计划项目配套用地；11. 东村鱼苗场；12. 各村宅基地预留地块
均安镇	1. 南沙岛；2. 星槎旧砖厂工业区等
乐从镇	1. 饮用水源保护区；2. 劳村村委会南沙村民小组现状住宅；3. 乐从文化小镇；4. 华阳路；5. 文化南路；6. 乐中路（立项阶段）；7. 村居宅基地预留用地
勒流街道	1. 菊花湾大桥；2. 稔海村留用地；3. 扶闾村；4. 菊花湾大桥以西储备用地；5. 个别私人住宅
龙江镇	1. 龙江-乐从水厂水源红线区；2. 轻轨龙江枢纽站及其周边 800m TOD 开发范围
伦教街道	1. 香云纱项目地块；2. 伦教世龙工业区伦教大涌旁的单独地块
顺德区发展规划和统计局	1. 石洲站 TOD；2. 马岗镇特色小镇；3. 飞鹅山墓园等
东部局	1. 大良中医院用地地块；2. 宝林寺用地；3. 顺风岛、大汕岛等

6.5.4　修正饮用水源保护区

由于划定技术方法存在差别，规划生态保护红线中饮用水源的范围与顺德区已有的饮用水源保护区范围存在一定的差异。故利用顺德区提供的饮用水源基础数据，结合国家、省、市有关饮用水源保护区划定的文件要求，对饮用水源保护区的范围进行修正。

修正后的饮用水源保护区范围与其他保护区单元范围存在冲突时，以饮用水源保护区范围为准，调整其他保护区单元边界以消除其与饮用水源保护区的冲突。

调整修订后的生态保护红线成果再次提交给顺德区相关部门和镇街征求意见和建议。按照上述修改方式，修改完善后形成外业勘界工作底图。

6.6 生态保护红线外业勘界

重点针对顺德区最新土地利用规划调整为建设用地的地块、一级饮用水源保护区范围、生态保护红线标识设施点、内业无法明确的边界进行实地勘测的区域进行外业勘界。外业勘界工作分为外业调查资料收集、外业测量、内业整理汇总三个阶段。

1. 外业调查前期协调工作

外业调查前期协调工作包括与用地单位及相关土地行政主管部门协商土地勘测定界工作的具体时间、了解用地范围内的权属状况、收集相关资料等。

2. 外业测量包括控制测量和界址点测量

控制测量主要采用网络 RTK（CORS）方式，严格按照《卫星定位城市测量技术规范》（CJJ 73—2010）中卫星定位动态测量技术要求，观测过程符合下列规定：

（1）观测前，手簿中设置的平面收敛阈值不超过 20mm，垂直收敛阈值不超过 30mm。

（2）观测时，卫星高度角 15°以上的卫星数不少于 5 颗，PDOP 值小于 6。

（3）天线采用三角支架架设，仪器的圆气泡稳定居中。

（4）观测值记录收敛、稳定的固定解，观测值记录到 0.001m。

（5）测量开始前，采用一个不低于二级的已知控制点进行检核，平面位置较差不大于 20mm。

（6）一测回的观测历元数至少为 20 个，定位结果取平均值。

（7）测回间至少间隔 60s，下一测回开始前，重新初始化。

（8）测回间的平面位置较差应小于 20mm，最终观测成果取各测回平均值。

观测成果符合表 6-4 的测量技术要求。

表 6-4 二级点 GNSS RTK 平面控制测量技术要求

等级	相邻点间距离/m	点位中误差/cm	边长相对中误差	起算点等级	流动站到单基准站间距离/km	测回数
二级	≥300	5	≤1/10000	—	—	≥3

注：复杂地区相邻点间距离可缩短至表中的 2/3，误差不大于 2cm。

RTK 观测成果采用常规方法进行边长、角度或导线联测检核，检核测量技术要求应符合表 6-5 的要求。

表 6-5　二级点 GNSS RTK 平面控制点检核测量技术要求

等级	边长检核		角度检核		导线联测检核	
	测距中误差/mm	边长较差的相对中误差	测角中误差/(″)	角度较差限差/(″)	角度闭合差/(″)	边长相对闭合差
二级	≤15	≤1/7000	≤8	20	$\pm24\sqrt{n}$	≤1/6000

注：表中 n 为测站数。

对于不符合 GNSS 观测条件的区域，采用导线方式布设控制点。导线控制点布设成附合导线，严格按照《城市测量规范》（CJJ/T 8—2011）中导线测量的技术要求，观测过程符合表 6-6 的要求。

表 6-6　导线测量主要技术指标

等级	闭合环或附合导线长度/km	平均边长/m	测距中误差/mm	测角中误差/(″)	导线全长相对闭合差
二级	≤2.4	200	≤15	≤8	≤1/10000

对于需要外业勘定的点，经过实地勘定后利用 GNSS 接收机或者全站仪等测量设备采集界址点的实地坐标，界址点测量满足一类界址点测量要求，与邻近控制点的点位中误差小于等于 5cm，界址点间距中误差小于等于 5cm，与邻近地物点的间距中误差小于等于 5cm。

内业整理阶段主要对外业测量的原始数据进行整理和汇总工作。包括外业调查成果的收集整理，各类土地面积的量算、汇总，将勘界数据形成专题数据集（包括 shp 格式和 dwg 格式），对内业成果进行修订和完善，对接顺德区政府管理空间信息系统，开展数据录入等工作。建设和完善数据库，确保数据和国土、城建等相关部门的电子数据可以无缝对接。

| 第7章 | 佛山市顺德区生态保护红线管理

7.1 生态保护红线管理工作的认识

7.1.1 生态保护红线管理总体框架

生态保护红线是生态环境安全的底线，划定生态保护红线的目的是建立最为严格的生态保护制度，对生态功能保障、环境质量安全和自然资源利用等方面提出更高的监管要求。因此生态保护划定后，如何建立完善的管理体系，实现对红线的监管，有效引导和约束城市开发行为，是实施生态保护红线制度的关键。

《关于划定并严守生态保护红线的若干意见》明确提出，要实现"一条红线管控生态空间"，逐步建立"生态保护红线制度"，该意见为我国生态保护红线管理制度提供了顶层设计，提出了"三不"总体要求，以及10项严守生态保护红线的实施意见。

1. "三不"总体要求

《关于划定并严守生态保护红线的若干意见》指出，要确保生态保护红线生态功能不降低、面积不减少、性质不改变。"功能不降低"是严守生态保护红线的目标，"面积不减少"是严守生态保护红线的底线要求，"性质不改变"是严守生态保护红线的管理方向（张箫等，2017），这"三不"总体要求是落实生态保护红线工作的前提。

"功能不降低"表明生态保护红线的目的是保护、恢复、提升重要生态功能，提高生态产品供给能力。生态保护红线内的自然生态系统结构保持相对稳定，生态系统功能不断改善，质量不断提升。

"面积不减少"则要求生态保护红线边界保持刚性，生态保护红线内禁止开展城镇化、工业化开发建设活动。生态保护红线是国土空间开发的底线，具有优先地位，必须实施严格保护。

"性质不改变"是保护性质不改变，严格生态保护红线内的土地用途管制。

一是严禁生态保护红线区域转为非生态用途地类；二是允许生态用地往转变生态服务价值高的地类转变，如从草地转为服务价值更高的林地；三是在主导服务功能、生态质量不下降的前提下，可开展生态保护修复、科研以及民生（如原住民生产生活设施改善）等项目。

2.10 项严守生态保护红线的实施意见

在严守生态保护红线方面，《关于划定并严守生态保护红线的若干意见》强调落实地方各级党委和政府主体责任，强化生态保护红线刚性约束，形成一整套生态保护红线管控和激励措施。该意见提出了 10 项实施意见，包括明确属地管理、确立生态保护优先地位、实施严格管控、加大生态保护补偿力度、加强生态保护与修复等（表7-1），为划定生态保护红线后如何管理及严守生态保护红线提供了依据。

表 7-1　严守生态保护红线主要工作

序号	管控和激励措施	主要内容
1	明确属地管理责任	地方各级党委和政府是严守生态保护红线的责任主体 生态保护红线作为相关综合决策的重要依据和前提条件，需履行好保护责任 各有关部门要按照职责分工，加强监督管理，做好指导协调、日常巡护和执法监督，共守生态保护红线 建立目标责任制，把保护目标、任务和要求层层分解，落到实处
2	确立生态保护红线优先地位	相关规划要符合生态保护红线空间管控要求，不符合的要及时进行调整 空间规划编制要将生态保护红线作为重要基础，发挥生态保护红线对于国土空间开发的底线作用
3	实行严格管控	原则上按禁止开发区域的要求进行管理，严禁不符合主体功能定位的各类开发活动，严禁任意改变用途 生态保护红线划定后，只能增加、不能减少 因国家重大基础设施、重大民生保障项目建设等需要调整的，由省级政府组织论证，提出调整方案，经环境保护部、国家发展和改革委员会同有关部门提出审核意见后，报国务院批准
4	加大生态保护补偿力度	完善国家重点生态功能区转移支付政策 推动生态保护红线所在地区和受益地区探索建立横向生态保护补偿机制

续表

序号	管控和激励措施	主要内容
5	加强生态保护与修复	形成以县级行政区为基本单元建立生态保护红线台账系统,制定实施生态系统保护与修复方案
		优先保护良好生态系统和重要物种栖息地,建立和完善生态廊道,提高生态系统完整性和连通性
		分区分类开展受损生态系统修复,采取以封禁为主的自然恢复措施,辅以人工修复,改善和提升生态功能
6	建立监测网络和监管平台	完善生态保护红线综合监测网络体系,布设生态保护红线监控点位,及时获取生态保护红线监测数据
		加强监测数据集成分析和综合应用,全面掌握生态系统构成、分布与动态变化,及时评估和预警生态风险
		实时监控人类干扰活动,及时发现破坏生态保护红线的行为,对监控中发现的问题,通报当地政府,由相关部门依据各自职能组织开展现场核查,依法依规进行处理
7	开展定期评价	建立生态保护红线评价机制,构建生态保护红线生态功能评价指标体系和方法
		定期组织开展评价,及时掌握全生态保护红线生态功能状况及动态变化,评价结果作为优化生态保护红线布局、安排县域生态保护补偿资金和实行领导干部生态环境损害责任追究的依据
8	强化执法监督	各级环境保护部门和相关部门要按照职责分工加强生态保护红线执法监督
		建立生态保护红线常态化执法机制,定期开展执法督查
		切实做到有案必查、违法必究
9	建立考核机制	对各省、自治区和直辖市党委和政府开展生态保护红线保护成效考核,并将考核结果纳入生态文明建设目标评价考核体系,作为党政领导班子和领导干部综合评价及责任追究、离任审计的重要参考
10	严格责任追究	对违反生态保护红线管控要求、造成生态破坏的部门、地方、单位和有关责任人员,按照有关法律法规和《党政领导干部生态环境损害责任追究办法(试行)》等规定实行责任追究
		对推动生态保护红线工作不力的,区分情节轻重,予以诫勉、责令公开道歉、组织处理或党纪政纪处分,构成犯罪的依法追究刑事责任
		对造成生态环境和资源严重破坏的,要实行终身追责,责任人无论是否已调离、提拔或者退休,都必须严格追责

7.1.2　严守生态保护红线面临的挑战

依据《自然生态空间用途管制办法（试行）》，生态保护红线是在生态空间范围内具有特殊重要生态功能、必须强制性严格保护的区域。但在高度城镇化区域中城市拓展和人口增长要求新的土地空间供给，由于生态空间作为公共商品具有低经济成本属性，生态空间往往成为各类投资、开发群体追逐的利益载体。如何有效保证城镇开发"有余地"、生态空间"有刚性"，一直是城市管理者面临的重大命题和挑战。加之生态空间内部的复杂性，以及生态保护红线制度刚起步，导致了生态保护红线是高度化城市区在空间利用开发上最难管理的一条线，面临以下管理挑战。

1. 土地资源紧张，城市扩张压力大

经过我国近 40 余年的城镇化进程，城市可供开发的土地资源日趋紧张，而征用林地、湿地、草地等生态空间为建设用地的经济成本较低，故各种利益驱动着政府和市场开发占用生态空间。虽然我国已进入新型城镇化和生态文明新时期，城市建设由高速度发展转向高质量发展模式，但部分经济快速发展的城市仍将保持旺盛的土地使用需求。如何防止城市扩张侵占生态保护红线，是管理生态保护红线的首要挑战。

2. 生态保护红线管理对象多，统筹难度大

生态保护红线的保护对象包括饮用水源保护区、自然保护区、森林公园、湿地公园等，涉及生态环境、自然资源、水利等多个主管部门。虽然各保护对象均有主管部门，但管理工作往往需要多部门协作，如建设项目的审核、保护边界调整、红线监管等。由于部分管理业务存在一定交叉或信息共享不及时，导致保护工作存在多头管理或管理盲区现象，统筹多部门分工协作是落实生态保护红线管理的一大挑战。

3. 宏观政策指明管理方向，落地需进一步精细化

生态保护红线是我国环境保护和管理的一项创新制度，现阶段正从政策层面向法律制度转变。《环境保护法》《关于划定并严守生态保护红线的若干意见》《生态保护红线划定指南》等法律文件或规范性文件提供了地方落实生态保护红线管理的工作方向。但这些文件是在国家层面发布实施，部分条款过于原则化或抽象，仍需地方在落地时细化。如在生态保护红线调整程序、允许建设项目、组

织架构等方面，地方应提出可操作性的条款，以利于管理。

7.1.3 地方管理生态保护红线的关键点

1. 构建和完善生态保护红线的法律保障体系

生态保护红线管理制度不能仅停留在政策层面，其权威性须依靠立法创制保障（王权典，2020）。唯有上升到立法规制层面，方能为生态保护红线的底线约束提供保障。《关于划定并严守生态保护红线的若干意见》提出，推动生态保护红线有关立法，各地要因地制宜，出台相应的生态保护红线管理地方性法规。目前我国部分地区已出台生态保护红线单行法或综合性法规，树立生态保护红线法律地位，以法制化构筑生态保护红线制度框架。

2. 不建"无人区"，不"画地为牢"

生态保护红线原则上按禁止开发区域的要求管理，严禁不符合主体功能定位的各类开发活动，但并不是任何项目都不能上的"无人区"。若对生态保护红线持"一刀切"的想法是片面的，也是不正确的。经严格审批后，生态保护红线内还是允许建设国家重大基础设施、重大民生保障等项目。

生态保护红线一经划定后不得随意更改，但不意味死守划定的边界。生态保护红线的管理是动态的，应建立明确的调整程序和机制，允许生态保护红线边界调整，使生态空间保护与经济社会发展保持更好的统一。

3. 因地制宜，逐步完善地方管理制度

《关于划定并严守生态保护红线的若干意见》提出了10项严守生态保护红线的实施意见，涉及职责分工、生态补偿、定期评价等多项工作。但生态保护红线制度的完善是系统性的工程，应分阶段完善，多项配套政策如生态补偿、定期评价、考核机制等工作涉及技术标准、法理依据、政府机构上下层级的统筹等，需要一定的时间研究、试点，且由于涉及利益群体多，不宜仓促上马。

生态保护红线划定后最为迫切地要回答由谁管、怎么管的问题。现阶段生态保护红线管理首先要建立管理架构，明确职责分工，其次是健全生态保护红线审批程序、调整程序、建设项目准入条件等，并处理好生态保护红线制度与相关制度之间的协调与衔接。地方政府应面向这些工作，结合本地管理实际，制定更具操作性的政策条款。

4. 重视公众参与，维护生态空间的公众利益

公众参与是生态保护红线制度中十分重要的部分。一方面生态保护红线的划定、调整、生态补偿涉及相应区域内群众的利益，应通过听证会、论证会、社会公示等多种形式让群众知情，提供公众反馈意见或投诉途径。另一方面生态保护红线是保障生态系统向社会提供良好的生态产品的手段，使公众受益。但作为新生事物，公众对其认识还不足，导致部分公众对市场无序侵占生态空间的现象采取漠视的态度。因此应当重视提高公众对生态保护红线的认识，在边界区域树立标识牌、界碑，以实物方式让公众感知生态保护红线的范围、作用，提高保护生态空间的意识。

7.2　生态保护红线管理的主要探索

7.2.1　划定后遇到的问题

2016 年 2 月 29 日，佛山市顺德区政府颁布实施《佛山市顺德区生态保护红线规划（2014—2025）》（以下简称"规划"），成为在广东省内率先实施生态保护红线政策的县级行政单位。

该规划发布后，作为辖区停止审批若干侵占生态保护红线空间的建设项目的依据，对引导区域内建设项目布局起到积极作用，但顺德区作为高度城市化区域，工业、商业和基础设施建设活动频繁，城市开发与生态保护红线的博弈现象频繁，对生态保护红线的管理出现诸多问题。

一是规划作为面向空间用途管制的部门文件，不能代替管理制度，缺乏法律地位，对部门职责分工、调整程序、审批程序等实际工作缺乏指导和依据，对开发行为约束力不强。

二是缺少正面建设清单，镇街存在"一刀切"完全禁止项目的理解，对部分民生、生态恢复项目是否可以建设把握不准。

三是社会对生态保护红线认识不足，仅停留在抽象的政策认识，群众和投资者即使身处生态保护红线内也不自知，生态保护红线需增强警示作用。

四是需要与上层规划和政策进行对接，由于广东省生态保护红线开始划定，顺德区生态保护红线边界与管控要求需和省政策对接。

五是生态保护红线规划落地主要依靠镇街基层人员，但规划过于原则性的要求以及矢量数据，对于基层人员指导意义不大，基层工作需要一目了然且简洁的

工作指导手册。

以上问题既涉及顺德区生态保护红线管理制度的完善，也涉及实际工作的操作细节。

7.2.2 主要开展的管理工作

佛山市顺德区政府、佛山市生态环境局顺德分局高度重视生态保护红线的落地和管理，切实贯彻《关于划定并严守生态保护红线的若干意见》等相关文件精神，组织开展《佛山市顺德区生态保护红线管理办法（试行）》编制、细化规划指引并编制单元图集、设计标识设施等工作。经过近三年实践探索，顺德区初步形成了以一个管理办法、一套管控名录、一批标识设施的生态保护红线管理制度基础。

1. 出台管理办法，构建红线管理制度

出台了《佛山市顺德区生态保护红线管理办法（试行）》（以下简称"管理办法"），树立生态保护红线法律地位，以规范性文件制定生态保护红线管理框架，明确各级政府、区直部门职责、调整条件与程序等。管理办法编制过程中，密切跟踪先行地区生态保护红线的管理实践经验，展开充分调研，综合多部门意见与相关规划政策，制定可行的正面清单。实现生态保护红线应管尽管，统筹多部门形成管理合力，镇街审批项目有依据，保障红线落地能用、管用。

2. 编制管控名录，为基层管理人员提供支撑

为加强规划的指导作用，规划在编制时借鉴已有试点地区的经验，以管理单元作为生态保护红线的基础构成，并对管理单元分为五类，提出各类单元的管控指引。规划管控指引明确了各生态保护红线管理单元的功能定位、管控指标和保护管理要求等内容。规划管控指引与勘界定标最新成果相结合，形成管理单元的管控名录与图集，并纳入各单元保护目标。将管控图集分发至各镇街，为基层管理者提供支撑。

3. 建设标识设施，推动公众参与

顺德区生态保护红线包括标识牌和界碑。其中标识牌上标注单元的范围与边界、受保护面积、管控要求、监督电话、管理部门、区位等信息。标识设施建设让本地群众切实感知到生态保护红线政策的执行，有助于推动公众对生态保护红线管理的参与，也可以对破坏和建设行为起到警示作用。

7.3　生态保护红线管理办法编制

7.3.1　编制思路

1. 贯彻底线思维

树立生态保护红线优先地位，明确生态保护划红线是强制性严格保护的区域，辖区内涉及生态保护红线范围的项目参照本办法执行，保障生态保护红线划定后功能不降低、面积不降低、性质不改变。

2. 突出问题导向

面向生态保护红线管理问题，重点针对生态保护红线管理的组织架构、职责分工、正面清单、调整程序、日常监督等制定可操作的管理条款，解决管理上的痛点和难点。

3. 衔接相关政策

生态保护红线属于城市空间用途管制重要的组成部分，涉及多部门的空间管理政策或工作流程，需做好相应的对接工作。一是对接上层省级红线动态与管理要求，实行省级、区级红线分开管理，预留一定弹性空间，不与省级红线出台后冲突。二是对接各部门对生态空间的相关管理审批工作和流程，衔接总体规划、片区规划、详细性规划的用地管制要求，尽可能地遵循既有工作规则。

4. 体现动态管理

面向生态保护红线内是否可以建设项目、可以建哪些项目、边界是否可以调整、如何调整等管理问题，秉承不建"无人区"、不"画地为牢"的原则，深入研究并归纳未来可能涉及的相关建设项目类型和边界调整情景，重点针对区级生态保护红线制定正面清单，并提出边界调整条件和程序。

5. 借鉴先进经验

基于国家层面的政策法规，借鉴国内其他省、地市在生态保护红线、生态控制线以及相关生态空间管制方面的政策性文件，研究编制适用于顺德区管理实际的管理文件。主要参考和借鉴以下规范性文件（表7-2）。

表 7-2　生态保护红线相关政策法规

区域	名称	颁布时间
国家	《环境保护法》	2015 年 1 月
	《关于划定并严守生态保护红线的若干意见》	2017 年 2 月
	《生态保护红线划定技术指南》	2017 年 7 月
省级	《珠江三角洲环境保护规划纲要（2004—2020 年）》	2005 年 2 月
	《广东省环境保护规划纲要（2006—2020 年）》	2006 年 4 月
	《关于规范生态严格控制区管理工作的通知》	2014 年 7 月
	《江苏省生态红线区域保护监督管理考核暂行办法》	2014 年 3 月
	《吉林省生态保护红线区管理办法（试行）》	2016 年 6 月
	《海南省生态保护红线管理规定》	2016 年 7 月
	《湖北省生态保护红线管理办法（试行）》	2016 年 11 月
	《贵州省生态保护红线管理暂行办法》	2016 年 12 月
地市	《深圳市基本生态控制线管理规定》	2005 年 10 月
	《沈阳市生态保护红线管理办法》	2014 年 12 月
	《常熟市生态红线区域保护监督管理考核暂行办法》	2016 年 10 月
	《佛山市生态控制线管理办法》	2018 年 4 月

7.3.2　编制内容

管理办法共分为四个部分。第一部分是总则，阐述生态保护红线范围包括两类区域，即省级生态保护红线区和区级生态保护红线区；明确管理办法的适用范围、责任主体、管理框架和部门分工等。

第二部分是保护和调整条款，主要明确省级生态保护红线区和区级生态保护红线区的保护要求和调整要求，包括允许建设项目、禁止建设要求、范围调整条件和调整程序等。

第三部分是监管责任条款，主要明确各级政府和部门对生态保护红线内各生态要素的管理要求，制定违法责任人和违法活动的处罚条款。

第四部分是附则，包括办法解释权、地方管理办法制定和实施日期。

7.3.3　分区策略与管理要求

佛山市顺德区在 2016 年率先完成生态保护红线划定工作，由顺德区人民政府印发实施《佛山市顺德区生态保护红线规划（2014—2025）》，是广东省首个县级政府划定的生态保护红线。顺德区 2018 年启动生态保护红线管理办法编制，2019 年印发《佛山市顺德区生态保护红线管理办法（试行）》。

广东省生态保护红线划定依据国家的总体部署，于 2017 年全面启动，最终划定成果纳入国家级生态保护红线管理。依据《生态保护红线划定指南》的要求，广东省生态保护红线划定方案（送审稿）需报送环境保护部、国家发展和改革委员会，环境保护部、国家发展和改革委员会会同有关部门组织开展技术审核并提出意见，经修改完善后，形成红线划定方案（报批稿），并由环境保护部、国家发展和改革委员会会同有关部门报国务院审批后，由广东省人民政府发布实施。

由于佛山市顺德区生态保护红线划定成果与管理办法印发期间，广东省生态保护红线划定成果尚未完成国家规定的组织上报程序。因此，本研究在开展顺德区勘界定标和管理办法编制过程中，与广东省生态保护红线划定工作紧密衔接，对已有顺德区的生态保护红线划定成果进行实时更新。通过对接广东省生态保护红线阶段性成果，顺德区辖区内省级生态保护红线主要为顺德水道、西江、东海水道部分水质为 II 类水质河段，以及现有饮用水水源一级保护区，其他生态保护红线区为区级生态保护红线（图 7-1）。

本办法实行"分区管理"，针对省级生态保护红线和区级生态保护红线，分别从"划定要素、保护要求、调整程序"三个层面实施差异化分类管理。

省级生态保护红线的管理策略：严格落实国家或上级政府的要求，开展划定、保护和调整工作，管理要求对接未来国家和省级管理办法。

区级生态保护红线管理策略：针对区级生态保护红线的划定对象（表 7-3），基于顺德区管理需求，提出能在区级层面落地的管理制度，包括划定、调整、监督和管理等。

表 7-3　省级与区级生态保护红线划定对象

省级生态保护红线	区级生态保护红线
国家和省划定的生态功能极重要区域及极敏感区域	区级森林公园、风景名胜区的核心景区
国家和省级森林公园、风景名胜区的核心景区	区级湿地公园的湿地保育区和恢复重建区
国家和省级湿地公园的湿地保育区和恢复重建区	具有重大生态保护价值的永久基本农田、河流、
饮用水水源地一级保护区	滩涂和公益林等
其他被纳入国家生态保护红线的特殊区域	其他需要进行生态保护的区域

7.3.4　管理组织与职责分工

省级生态保护红线遵循国家和省政府的要求开展保护，具体由区政府负责对

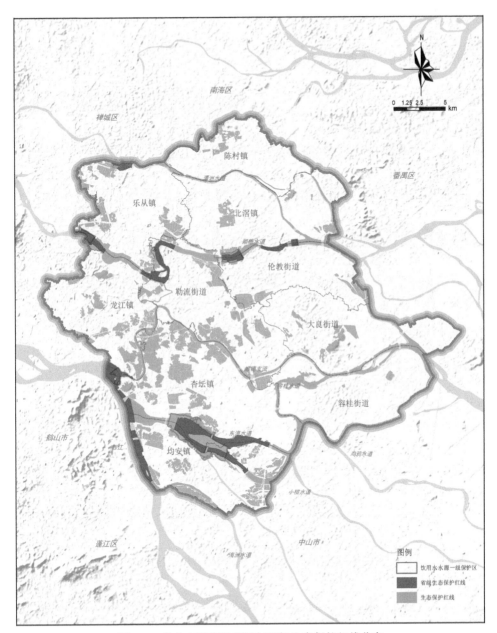

图 7-1 佛山市顺德区省级与区级生态保护红线分布

省级生态保护红线为示意图，最终成果以广东省人民政府发布为准

接佛山市下达的省级生态保护红线保护任务，市生态环境局顺德分局、市自然资源局顺德分局协助开展相关业务。区级生态保护红线由顺德区人民政府和相关部门开展保护和管理，具体职责分工如下。

1. 区、镇街人民政府

区人民政府负责区级生态保护红线统筹和管理工作，主要包括组织边界划定，制定生态保护红线管理的政策和措施；公开生态保护红线的管控边界、管控要求及保护管理情况等信息，也是饮用水水源保护区和河流保护区的责任主体。

各镇街人民政府为区生态保护红线保护的责任主体，衔接区政府和区相关职能部门的管理工作，直接负责辖区内各类区级生态保护红线管理单元（饮用水水源一级保护区、河流保护区除外）的保护和管理。

2. 区政府职能部门

由于区级生态保护红线包括饮用水源保护区、河流、基塘、林地等多种对象，我国机构改革后，涉及主要工作的职能部门包括生态环境、自然资源、城建和水利等主管部门。

区生态环境主管部门负责组织生态保护红线划定、边界调整、标识设施建设、生态环境监测、信息发布、教育宣传等。

区自然资源部门负责将生态保护红线确定为各级国土空间规划的底线，严格管理区级生态红线内的永久基本农田、林地、湿地的土地用途，禁止用地性质随意改变，监管土地违规使用。

区城建和水利主管部门主要负责保护河流岸线、滩涂湿地的生态修复工作，对水利建设项目进行监管（表7-4）。

表7-4　生态保护红线的职责分工

单位	主要职责	管理对象	主要管理内容
区人民政府	总体统筹 红线边界划定 制定保护政策 确定红线底线管理地位 信息发布	全区生态保护红线 饮用水水源一级保护区 河流保护区	面积和边界 边界和水质 边界和水质
市生态环境局顺德分局	组织红线划定 组织红线边界调整 标识设施建设 生态环境质量检测 信息发布	全区生态保护红线 饮用水水源一级保护区 河流保护区	面积和边界 边界和水质 边界和水质

单位	主要职责	管理对象	主要管理内容
市自然资源局顺德分局	将红线确定为各级国土空间规划的底线 土地用途管理 监管土地违规使用	永久基本农田 林地 湿地	面积和边界 面积和边界 面积和边界
区住房城乡建设和水利局	河流岸线、滩涂湿地的生态修复工作	河流岸线 滩涂湿地 水利设施	
其他部门	依照各自职责，开展监督管理工作		
镇街人民政府	衔接区政府和区相关职能部门的管理工作，直接负责辖区内红线的保护和管理	辖区内生态保护红线	面积和边界

7.3.5　建设项目准入条件

生态保护红线原则上按禁止开发区域的要求进行管理，严禁不符合主体功能定位的各类开发活动，但不是完全的"禁区"。依据《关于划定并严守生态保护红线的若干意见》，生态保护红线内允许建设国家重大基础设施、重大民生保障等项目。遵循这一方向，结合相关省、市规范性文件，并通过顺德区实地调研、论证，梳理未来可以在生态保护红线区开展且不对生态环境质量（功能）造成破坏的项目类型。

1. 省级生态保护红线允许建设项目

省级生态保护红线是对接未来国家管控的区域，严格按照国家或上级政府的要求，仅允许建设国家重大基础设施、重大民生保障项目。

2. 区级生态保护红线允许建设项目

区级生态保护红线实施严格保护，区域内饮用水源保护区、永久基本农田、河流、公益林、风景名胜区等可依据现行相关管理规定开展合法活动。为更好的兼顾城市民生、防灾、生态修复等项目设施建设，办法提出以下允许建设的正面清单项目。由生态环境、自然资源、城建和水利等主管部门形成共同审核机制，共同判断某一项目是否属于正面清单。

（1）对生态环境影响较小（经环境影响评价论证，项目对生态环境影响不造成水体水质下降、农产品减产、珍稀野生动植物栖息地占用、水土流失灾害等情况发生）的区级及以上重点项目中的基础设施类建设项目。

（2）与供水设施和保护水源有关的建设项目。

（3）永久基本农田配套设施。

（4）防洪排涝水利设施。

（5）林分改造、森林防火项目。

（6）燃气管线、渠道、管道、城市综合管网。

（7）杆塔在生态保护红线外，线路经生态保护红线上空穿越的输电线路。

（8）农村生活及配套服务设施。

（9）军事和机密有特殊选址要求项目。

（10）生态环境保护与修复工程。

（11）与生态环境保护相适宜的宣教、科研及其他公益类民生项目。

7.3.6　红线调整条件和调整程序

省级生态保护红线调整按照国家的管理要求进行管理。国家级生态保护红线原则上按禁止开发区域的要求进行管理。严禁不符合主体功能定位的各类开发活动，严禁任意改变用途，确保生态功能不降低、面积不减少、性质不改变。因国家重大基础设施、重大民生保障项目建设等需要调整的，由省级政府组织论证，提出调整方案，经环境保护部、国家发展和改革委员会会同有关部门提出审核意见后，报国务院批准。

区级生态保护红线调整按照顺德区部门管理职责和分工，依据以下原则，对生态保护红线调整工作进行设计，一是调整事由须明晰，不能含糊不清；二是确保调出和调入平衡；三是制定调整程序，各环节有相应的责任单位、任务及时间要求。

生态保护红线矢量边界调整的事由众多，可分为原有边界数据更新和新建项目侵占两大类。为简化工作流程和工作量，采用不同的调整程序。

1. 原有边界更新

原有边界更新的事由或项目，由各主管部门依据法定程序提出调整需求，生态环境主管部门负责审查，不再组织专家论证，直接更新调整边界。包括以下情景：

（1）基础数据（包括地形图、实地勘测、土地使用证等）更新需要微调边界。

（2）符合国家、省生态保护红线政策的调整。

（3）饮用水源保护区、永久基本农田、风景名胜区、森林公园、公益林等法定保护边界调整。

（4）市生态环境局顺德分局认定的其他情形。

2. 新建项目侵占

正面清单以外的新建项目占用（含穿越）区级生态保护红线，则需提出选址唯一性论证，项目所在镇街政府提交调整方案至生态环境主管部门，组织专家论证方案，通过论证后向社会公示，经区人民政府批准后方可调整。具体如下：

（1）拟在区级生态保护红线内新建的项目，建设单位或者申请单位需委托具备环境影响评价技术能力的单位，在环境影响评价报告中对项目选址的唯一性和项目生态环境影响进行论证。

（2）镇人民政府（街道办事处）提出生态保护红线拟调整方案，报市生态环境局顺德分局初审。

（3）市生态环境局顺德分局对调整方案征求区属各相关部门意见，组织专家评审，出具专家评审意见。

（4）市生态环境局顺德分局向社会公示生态保护红线调整方案，公示时间不少于 7 个自然日。

（5）经公示无异议或者经审查异议不成立的，由市生态环境局顺德分局将调整意见报区人民政府批准。

（6）区人民政府同意后，该项目方可实施。

7.4 生态保护红线各类单元管控指引

7.4.1 管理单元思路

依据《生态保护红线划定技术指南》，以镇级行政区为基本单元，编制生态保护红线登记表。登记表内容主要包括红线区块编码、名称、类型、生态系统服务功能与保护目标、主要生态环境问题、主要人类活动类型、管控措施等（表7-5）。

表 7-5 生态保护红线登记表（示例）

所在行政区域	编码	名称	人口数量/人	类型	生态系统服务功能与保护目标	主要人类活动类型	主要生态环境问题	管控措施
顺德区	××镇/街道							

基于表7-5，形成区域内生态保护红线名录，提高了生态保红线的精细化管理，但生态保护红线登记表侧重现状记录。为加强对生态保护红线的未来用途指导，对顺德区精准化勘界后的生态保护红线管理单元进行细化，分为饮用水水源、河流、林地、基塘、农田五类保护单元（图7-2），提出各类单元的管控指引。

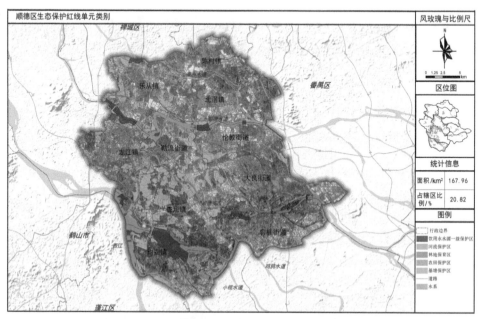

图 7-2　佛山市顺德区生态保护红线管理单元分布

规划管控指引明确各类生态保护红线管理单元的功能定位、管控指标和保护管理要求等内容。同时为了方便镇街管理部门日常使用，编制管理单元名录和图集，便于管理者掌握辖区内生态保护红线管理单元分布、数量和管控要求。全区各类管理单元的面积和管理要求见表7-6。

表 7-6　佛山市顺德区生态保护红线管理单元类别

类别	面积/km²	占行政区比例/%	主导生态功能	保护目标
饮用水水源一级保护区	22.71	2.82	饮用水水源安全	水质指标与级别达标
河流保护区	52.46	6.50	河流水质保护	
林地保育区	12.93	1.60	水源涵养 生物多样性保护	林地面积、公益林比例不降低
基塘保护区	74.01	9.18	农田生态系统保护	永久基本农田面积不降低
农田保护区	5.85	0.73		

7.4.2　饮用水水源一级保护区管控指引

饮用水水源一级保护区是维护顺德区饮用水水源安全最主要的区域，是提供生态产品的关键地区。

1. 生态功能定位

本类单元均为河流型饮用水水源所在地，主要位于顺德水道羊额段、东海水道和容桂水道段等河段，也是顺德区河流水系重要的组成部分。这些河段为顺德区提供饮用水、水源涵养功能、城市生态廊道的服务功能。

2. 面临生态压力与胁迫

本单元主要面临的生态压力与胁迫主要来自两方面：一是可能发生侵占保护的违规违法建设行为；二是来自水源保护区周边的生活或工业偷排、交通运输、农业生产等途径带来的污染。

3. 管控目标与指标

（1）落实单元红线边界，严禁非法建设行为。
（2）单元内水按照各级水源保护区实施水质标准。
水质标准不得低于国家规定的《GB3838—88 地面水环境质量标准》Ⅱ类标准，并须符合国家规定的《GB5749—85 生活饮用水卫生标准》的要求。

4. 管控策略与管控指引

严格执行水源保护区边界刚性，严禁一切破坏水环境生态平衡的活动以及破坏水源林、护岸林、与水源保护相关植被的活动。积极引导单元内不合法建筑的迁出与改造。

积极实行生态恢复，在不影响主河道的行洪排涝功能的情况下，可在保护区内种植水源涵养植物，对滩涂湿地实行生态修复工程。

严禁污染水源保护区，严禁向保护区内水域倾倒工业废渣、城市垃圾、粪便及其他废弃物。禁止使用剧毒和高残留农药，不得滥用化肥，不得使用炸药、毒品捕杀鱼类。

7.4.3　河流保护区管控指引

河流保护区以水域为主，包括两岸滩涂、小河涌等。本类单元是顺德区的水

系组成部分，连接饮用水源保护区，河流现状水质为Ⅱ类水或Ⅲ类水，管控示例
见图7-3。

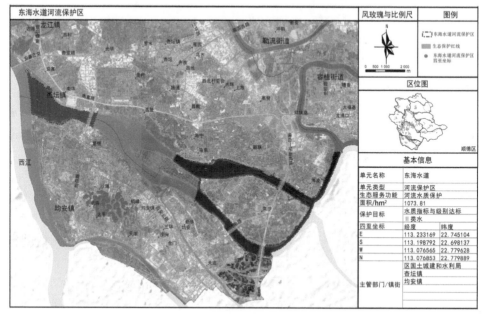

图7-3　河流保护区管控图示例

1. 生态功能定位

本类单元连接顺德区饮用水源保护区，景观连通性较好，是径流汇集区。这
些河流保护区为顺德区提供饮用水安全、水源涵养功能、行洪排涝、生态廊道的
服务功能。

2. 面临生态压力与胁迫

本类单元主要面临的生态压力与胁迫主要来自两方面：一是河流两岸的过度
开发，引起的坡岸硬质化，造成两岸的自然度破坏；二是水体污染物，包括随雨
水径流流入的面源污染，还有偷排、交通运输、农业生产等人为途径带来的污染
排放。

3. 管控目标与指标

依据《顺德区生态环境保护规划（2011—2020）》，各河流保护区按照水环
境功能实施相应的水质标准。落实各单元红线边界，严禁岸线的过度开发。

4. 管控策略与管控指引

1）河流保护区管控策略

严禁污染河道行为，严禁向河道倾倒工业废渣、城市垃圾、粪便及其他废弃物。河道禁止使用剧毒和高残留农药，不得滥用化肥，不得使用炸药、毒品捕杀鱼类。

强化河道流域环境管理，优先清理两岸的违法占地和违章建筑，推进对流域内污染企业排污情况进行全面核查，全面实施水污染物排放总量控制，对无证排污的，依法查处；对超总量、超标排污的，依法吊销排污许可证。

积极建设河岸自然景观，在保证行洪排涝的前提下，通过区国土城建与水利局审批，在适宜河段建设滨岸生态景观带，种植水源涵养林、护岸林带。

2）河流保护区管控指引

在河道管理范围内，禁止修建围堤、阻水渠道、阻水道路，禁止设置拦河渔具。

强化污水截排工作，定期检查截污口是否发生泄漏；定期疏浚河道底泥；结合江滨公园、城市开敞空间，在适宜河段实施生态景观恢复。

潭洲水道、顺德水道、西江干流、东海水道、海洲水道、鸡鸦水道、桂洲水道、甘竹溪、顺德支流、平洲水道、容桂水道布设水体防护林带，宽度为 50～100m。有关林带布设方案应上报区国土城建与水利局审批。

7.4.4 林地保育区管控指引

顺德区林地资源较少，因此林地保育工作尤为重要。本类单元以丘陵林地、森林公园为主，管控示例见图 7-4。

1. 生态功能定位

本类单元用地主要为林地，主要分布在大良顺峰山和均安翠湖，其次在龙江、杏坛、北滘和容桂都有分布，围绕主要山林分散分布着其他较小的山体。本次划分的林地保育区森林覆盖度较好，能发挥水源涵养、土壤保持功能。单元内保留有一定比例的乡土植物，也是白鹭重要的栖息、觅食场所，生物多样性保护作用显著。部分森林公园为顺德居民生态游憩场所。

2. 面临生态压力与胁迫

本类单元主要面临的生态压力与胁迫主要来自两方面：一是林地面积下降，

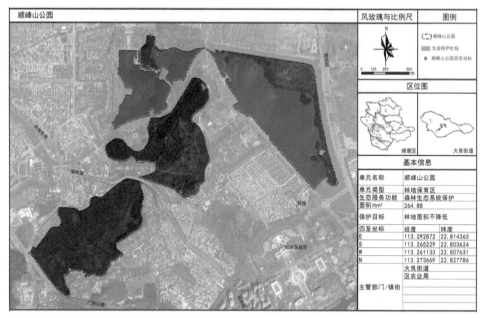

图 7-4　林地保育区管控图示例

包括城市用地、旅游设施对林地的占用，以及偷伐树林；二是群落稳定性降低，包括树种配置单一、群落配置层次简单化、乡土物种比例降低等。

3. 管控目标与指标

（1）落实单元红线边界，单元内只允许增加必要的公共设施。
（2）严禁单元内树林违规砍伐行为。
（3）林地保有面积不降低。
（4）公益林比例不降低。

4. 管控策略与管控指引

1）林地保育区生态管控策略

严格保护林地规模，森林公园、旅游区、公益林区以增加森林植被、提高森林质量为目标，加强森林资源科学经营、合理利用，保持林地规模不降低。适度控制现有旅游区、森林公园旅游设施用地规模，避免占用林地。

加强森林培育，允许进行抚育和更新性质的采伐，加强推进林分改造，改善群落结构，增加乡土物种植，避免单一人工林树种比例过高。

增加鸟类保护设施，在森林郁闭度较高地区，如顺峰山、李小龙公园设置鸟类栖息区，增设引鸟设施，提高生物多样性。

2）林地保育区生态管控指引

允许进行抚育和更新性质的采伐，其抚育和更新性质的采伐应当执行《生态公益林建设技术规程》（GB/T 18337.3—2001）、《森林采伐作业规程》（LY/T 1646—2005）、《低效林改造技术规程》（LY/T 1690—2007）和《森林抚育规程》（GB/T 15781—2009）相关标准，采取有利于生物多样性保护，有利于形成异龄、复层、混交森林群落的作业方式。

以乡土阔叶为目的树种，采取混交种植方式，对疏残林、低效纯松林及布局不合理桉树林进行更新改造。

低效林改造的，以综合改造和补植改造方式为主，一次改造的蓄积强度不得大于20%。

鼓励设置引鸟区，栽浆果类和蜜源植物引鸟（白鹭、牛背鹭等水鸟），合理搭配不同物候特征的植物，并配以相应的设施。

7.4.5　基塘保护单元管控指引

本类单元在顺德区各个镇街都有分布，但主要分布于顺德区西南部的杏坛、均安和勒流等三个镇街，为顺德区面积较大且连片性较好的基塘，管控示例见图 7-5。

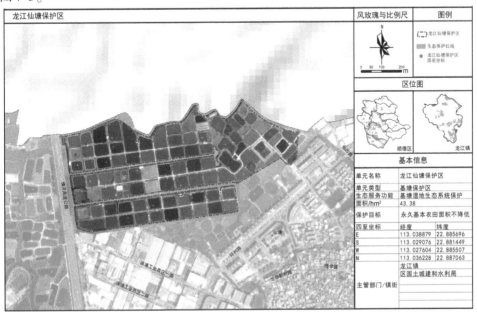

图 7-5　基塘保护区管控图示例

1. 生态功能定位

本类单元以基塘为主，分布少量园地、耕地。单元内以水产养殖为主，辅以塘基上种植花卉、蔬菜、香蕉等。基塘湿地是顺德区重要的岭南水乡景观，具有与河溪边岸域相似的生态结构与功能。除了提供水产养殖外，还是两栖类的重要生境。基塘湿地是顺德区重要的生态腹地，是生态景观要素重要的连接片区。由于地势低洼，基塘调蓄内涝、洪水的作用显著。

2. 面临的生态压力与胁迫

本类单元主要面临的生态压力与胁迫主要来自两方面：一是周边镇级、村级工业园对基塘的非法占用。二是水体污染威胁，内在因素为基塘养殖方式不恰当，造成水体趋向厌氧水质，水体发黑发臭；外在因素为农村环境整治不利，村民在基塘堆放垃圾，污水排向基塘，以及径流引起的面源污染。

3. 管控目标与指标

（1）落实单元红线边界，基塘面积不降低，严禁村、镇工业用地占用基塘。
（2）建设现代化集约型基塘。
（3）单元内无黑臭水体。
（4）单元所在村委农村环境整治达到"美城行动"二级区水平或以上。

4. 管控策略与管控指引

1）基塘保护单元生态管控策略

加强基塘生态系统景观的保护。保护好塘基上的耕地和水域，避免城镇扩张地对基塘生态系统的侵占，控制基、塘比例，保持基塘生态系统水陆良性循环景观。

重构种养结合的复合基塘生态系统。改善塘基地表植被种植情况，提高水、陆物质能流循环。在基面合理轮作、间作、套作，在基面上可种植经济效益较高的作物。

加强鱼塘水体的生态恢复。塘泥定期上基，拓深水体。改善底泥供养条件，增加含氧水向底泥中的渗入，改善底泥中的氧化还原状态。合理搭配种植深根作物和浅根植物，减少水土流失以及面源污染对水产养殖的影响。

结合现代化基塘建设，适当恢复传统基塘风貌。建议重点选取杏坛、均安、乐从、龙江和勒流街道中的河网密度高、基塘生态质量较好地区进行基塘系统生态农业的重建。

2）基塘保护单元生态管控指引

重构种养结合的复合基塘生态系统。重视基塘生态系统种养结合的复合结构的恢复与重建。

强化基塘清淤底泥的综合管理。部分清淤底泥用于基塘基面的花卉、蔬菜、香蕉或牧草的种植；其余部分清淤底泥在花卉种植区域进行堆肥处理，为花卉种植提供养分，减少底泥对养殖水体水质的影响。

优化饵料营养组成及投喂方式。在符合《饲料和饲料添加剂管理条例》和《无公害食品渔用饲料安全限量》（NY5072—2002）的相关规定基础上，强化并优化饵料营养成分和投喂方式，减少颗粒残存，提高饵料的利用率，防止或减轻水质和底质的有机污染等。

7.4.6　农田保护区管控指引

本单元以农田为主，主要种植花卉、果树，主要位于顺德区东北方向的陈村、北滘和伦教三个镇街，勒流也有少量分布，管控示例见图7-6。

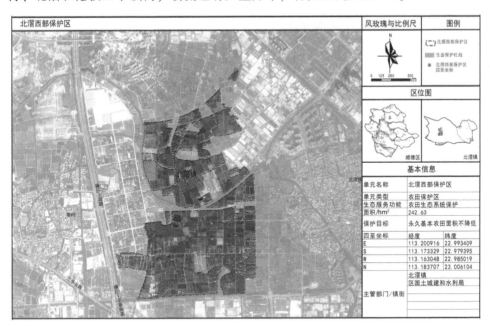

图 7-6　农田保护区管控图示例

1. 生态功能定位

本类单元为顺德区北部重要的生态开敞地区，是北部生态景观要素重要的连接片区。同时，因为地势低洼，农田保护区有调蓄内涝的功能。

2. 面临生态压力与胁迫

本类单元主要面临的生态压力与胁迫主要来自两方面：一是周边陈村、北滘、伦教交通用地、工业园对农田的非法占用；二是农田种植土壤污染，主要来源于城市径流造成的面源污染，过度施肥引起的盐碱化。

3. 管控目标与指标

（1）落实单元红线边界，农田面积不降低，严禁村、镇工业用地占用基塘。

（2）建设现代化集约型基塘。

（3）单元所在村委农村环境整治达到"美城行动"二级区水平或以上。

4. 管控策略与管控指引

该保护区以保护农田生态系统规模和质量为主，严格控制城镇扩张，逐步解决农业生产过程中的面源污染问题。主要控制措施如下：

1）农田保护区生态管控策略

加强农田生态系统规模保护。维持单元的农田用地规模，避免城镇、交通扩张地对农田生态系统的侵占。

合理施用化肥、农药。根据农作物对养分和农药的需求量，采用合理的施肥量与施肥频次，避免过度施肥。

2）农田保护区生态管控指引

在化肥和农药使用上，大力推广测土配方施肥技术，充分考虑农田土壤特征和农作物生长状况，根据农作物对养分和农药的需求量、对养分的吸收和需求季节安排施肥量、施肥方式和时间。

人工建立适当的溪沟、湿地、植被缓冲带等，发挥其对农田中的氮、磷、钾肥和有害重金属等污染物的截留和净化作用，降低农田的污染。

严格控制农田生态保护区内的城镇扩张。

7.5　生态保护红线标识设施建设

7.5.1　标识设施建设目的与布设方式

应用勘界定标成果，在居民活动频繁、生产建设强度高的地区布设一定数量的标示牌与界桩，以标识鲜明的形式向公众展示生态保护红线保护范围与保护要求，充分发挥指示、警告、宣传的作用，实现生态保护红线建设"看得见"。

为达到充分的展示效果、调动各个镇街开展生态保护的积极性，依据生态斑块面积大小、重要性、各镇街均摊原则，各镇街至少布设一个大型标识牌。共设置 10 个大型标识牌，74 个小型标识牌，合计 84 个，界桩共计 162 个（表 7-7）。

表 7-7 佛山市顺德区生态保护红线界桩和标识牌建设数量与标准

标示设施类别	数量/个	规格
界桩	162	120mm×120mm，露出地面 600mm 以上，埋深不低于 500mm
大型标识牌	10	3500mm×2400mm 钢板，各镇布设不少于 1 个
小型标识牌	74	1500mm×1000mm 钢板

以勘测边界为基础，标识牌和界桩优先布设在生态红线单元的四至坐标，征求镇街意见，部分可调整至居民活动频繁或临近拟开发边界。各类保护单元数量及标识牌的布设位置见图 7-7。

7.5.2 标识设施的设计

顺德区已经建成的标识设施有两类，分别是界桩和标识牌。界桩用于标识生态保护红线的边界、空间四至坐标。标识牌布置在人流多、示范效果强的区域，用于向公众展示生态红线保护斑块的具体信息，起到指示、警告、宣传的作用。

1. 界桩设计

界桩由水泥和钢筋制作，确保界桩在遭受撞击时不折断。界桩上涂有油漆，标识警示字眼和界桩编号。界桩埋设在泥土中，地面部分 500mm，地上部分 600mm，具体设计见图 7-8，现场布置效果见图 7-9。

2. 标识牌设计

标识牌主要由不锈钢钢管和不锈钢面板制作。标识牌上标注生态红线保护区的基本属性、保护范围、受保护面积、管控要求、监督电话、管理部门、区位等信息。具体设计见图 7-10，现场布置效果见图 7-11。

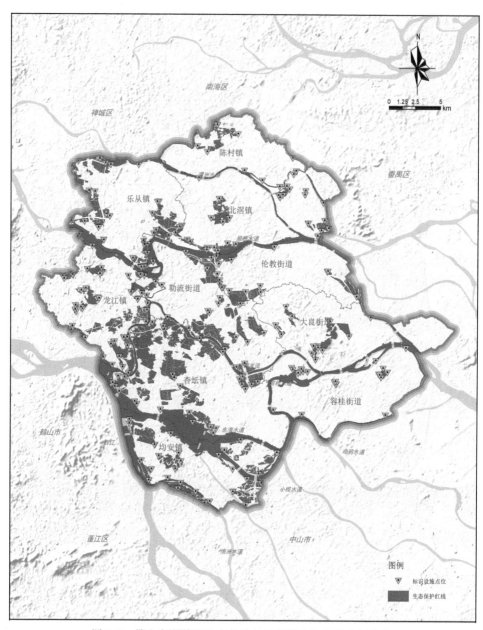

图 7-7　佛山市顺德区生态保护红线界桩和标识牌空间分布

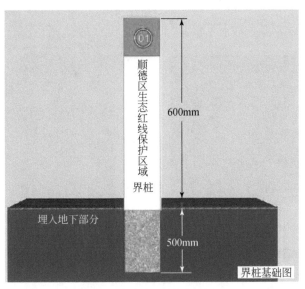

图 7-8 界桩设计示意图

图 7-9 界桩布设

图 7-10　标识牌内容设计示意图

图 7-11　标识牌布设

参 考 文 献

艾伟强，马林．2017．草原生态红线划定评价指标体系的构建与探索［J］．前沿，(6)：80-85.

包晓斌．2019．流域生态红线管理制度建设［J］．水利经济，37(4)：5-8.

曹祺文，顾朝林，管卫华．2021．基于土地利用的中国城镇化 SD 模型与模拟［J］．自然资源学报，36(4)：1062-1084.

曹玉红，曹卫东，吴威，等．2008．基于自然生态约束空间差异的区域生态安全格局构建［J］．水土保持通报，(1)：106-109.

柴慧霞，饶胜，王夏晖，等．2015．关于生态保护红线管理政策的思考［J］．环境保护科学，41(6)：18-22.

陈海嵩．2015．"生态红线"制度体系建设的路线图［J］．中国人口·资源与环境，25(9)：54-61.

陈磊，姜海．2021．国土空间规划：发展历程、治理现状与管制策略［J］．中国农业资源与区划，42(2)：61-68.

蔡如鹏．2018．陆昊履新：自然资源部探索统一的空间规划体系．中国新闻周刊，17：36-37.

戴湘君，许砚梅．2021．生态安全格局视角下中国城市增长边界研究进展［J］．湖南生态科学学报，8(1)：82-88.

丁雨眸，冯长春，王利伟．2016．山地区域土地生态红线划定方法与实证研究——以重庆市涪陵区义和镇为例［J］．地理科学进展，35(7)：851-859.

杜光华，兰安军，秦志佳，等．2017．喀斯特山区县域生态红线划定方法研究——以贵州省普定县为例［J］．环保科技，23(1)：54-60.

杜婕，韩佩杰．2018．基于 ArcGIS 区统计的陇南市生态敏感性评价［J］．测绘与空间地理信息，41(7)：99-102.

范小杉，高吉喜，何萍，等．2018．基于生态安全问题的生态保护红线管控方案［J］．中国环境科学，38(12)：4749-4754.

范小杉，何萍．2017．生态承载力环评：研究进展·存在问题·修正对策［J］．环境科学研究，30(12)：1869-1879.

范小杉，何萍．2018．河流生态系统服务研究进展［J］．地球科学进展，33(8)：852-864.

冯宇．2013．呼伦贝尔草原生态红线区划定的方法研究［D］．北京：中国环境科学研究院硕士学位论文．

高吉喜．2015．探索我国生态保护红线划定与监管［J］．生物多样性，23(6)：705-707.

高吉喜．2016．加快"三个落实"建立生态保护红线制度［J］．环境保护，44(8)：18-21.

高吉喜，鞠昌华，邹长新．2017．构建严格的生态保护红线管控制度体系［J］．中国环境管理，9(1)：14-17.

高吉喜，杨伟超，田美荣．2016．基于生态文明视角的中国城镇化可持续性发展对策［J］．中国发展，16(1)：7-11.

韩利琳．2009．中国西部安全风险防范法律制度研究［M］．北京：科学出版社．

韩琪瑶 . 2016. 基于生态安全格局的哈尔滨市阿城区生态保护红线规划研究 [D]. 哈尔滨：哈尔滨工业大学硕士学位论文 .

侯鹏，高吉喜，陈妍，等 . 2021. 中国生态保护政策发展历程及其演进特征 [J]. 生态学报，41 (4)：1656-1667.

胡焕庸 . 1935. 中国人口之分布——附统计表与密度图 [J]. 地理学报，(2)：33-74.

江波，王晓媛，杨梦斐，等 . 2019. 生态系统服务研究在生态红线政策保护成效评估中的应用 [J]. 生态学报，39 (9)：3365-3371.

焦胜，李振民，高青，等 . 2013. 景观连通性理论在城市土地适宜性评价与优化方法中的应用 [J]. 地理研究，32 (4)：720-730.

康慧强 . 2015. 生态保护红线的法律保障制度研究 [D]. 兰州：甘肃政法学院硕士学位论文 .

李东梅，高正文，付晓，等 . 2010. 云南省生态功能类型区的生态敏感性 [J]. 生态学报，30 (1)：138-145.

李广东，戚伟 . 2019. 中国建设用地扩张对景观格局演化的影响 [J]. 地理学报，74 (12)：2572-2591.

李显锋 . 2016. 生态保护红线、水资源红线概念的辨析与界定 [J]. 环境与可持续发展，41 (5)：133-136.

李玄，史会剑，胡欣欣，等 . 2017. 山东省生态保护红线划定实践与管理策略 [J]. 环境与可持续发展，42 (1)：50-53.

林李月，朱宇，柯文前 . 2020. 城镇化中后期中国人口迁移流动形式的转变及政策应对 [J]. 地理科学进展，39 (12)：2054-2067.

林勇，樊景凤，温泉，等 . 2016. 生态红线划分的理论和技术 [J]. 生态学报，36 (5)：1244-1252.

林勇，葛剑平，刘世荣 . 2004. 景观结构调整和干旱半干旱区水资源的可持续利用 [J]. 北京师范大学学报（自然科学版），(6)：820-824.

林勇，刘述锡，关道明，等 . 2014. 基于 GIS 的虾夷扇贝养殖适宜性综合评价——以北黄海大小长山岛为例 [J]. 生态学报，34 (20)：5984-5992.

刘超，崔旺来，朱正涛，等 . 2018. 海岛生态保护红线划定技术方法 [J]. 生态学报，38 (23)：8564-8573.

刘春霞，李月臣，杨华，等 . 2011. 三峡库区重庆段生态与环境敏感性综合评价 [J]. 地理学报，66 (5)：631-642.

刘冬，林乃峰，张文慧，等 . 2021. 生态保护红线：文献综述及展望 [J]. 环境生态学，3 (1)：10-16.

刘冬，林乃峰，邹长新，等 . 2015. 国外生态保护地体系对我国生态保护红线划定与管理的启示 [J]. 生物多样性，23 (6)：708-715.

刘佳琦，张保华，栗云召，等 . 2017. 黄河三角洲湿地生态保护红线区选划研究 [J]. 环境科学与管理，42 (12)：146-150.

刘军会，高吉喜，马苏，等 . 2015. 中国生态环境敏感区评价 [J]. 自然资源学报，30 (10)：1607-1616.

刘康，欧阳志云，王效科，等．2003．甘肃省生态环境敏感性评价及其空间分布［J］．生态学报，（12）：2711-2718．

刘耀龙，王军，许世远，等．2009．黄河靖南峡—黑山峡河段的生态敏感性［J］．应用生态学报，20（1）：113-120．

刘智慧，周忠发，郭宾．2014．贵州省重点生态功能区生态敏感性评价［J］．生态科学，33（6）：1135-1141．

吕红迪，万军，王成新，等．2014．城市生态红线体系构建及其与管理制度衔接的研究［J］．环境科学与管理，39（1）：5-11．

马敬．2007．中日环境基本法比较研究［D］．兰州：西北民族大学硕士学位论文．

马克明，傅伯杰，黎晓亚，等．2004．区域生态安全格局：概念与理论基础［J］．生态学报，（4）：761-768．

马林．2014．草原生态保护红线划定的基本思路与政策建议［J］．草地学报，22（2）：229-233．

莫张勤．2016．生态红线制度的实施困境与纾解［J］．学习论坛，32（12）：58-61．

欧阳晓，朱翔．2020．中国城市群城市用地扩张时空动态特征［J］．地理学报，75（3）：571-588．

欧阳志云，王效科，苗鸿．2000．中国生态环境敏感性及其区域差异规律研究［J］．生态学报，（1）：10-13．

潘竟虎，董晓峰．2006．基于GIS的黑河流域生态环境敏感性评价与分区［J］．自然资源学报，（2）：267-273．

彭建，汪安，刘焱序，等．2015．城市生态用地需求测算研究进展与展望［J］．地理学报，70（2）：333-346．

饶胜，张强，牟雪洁．2012．划定生态红线创新生态系统管理［J］．环境经济，（6）：57-60．

史同广，郑国强，王智勇，等．2007．中国土地适宜性评价研究进展［J］．地理科学进展，（2）：106-115．

侍昊，李旭文，牛志春，等．2015．浅谈生态保护红线区生态系统管理研究概念框架［J］．环境监控与预警，7（6）：6-9．

宋苑．2012．基于国家公园体系论中国保护地发展［J］．现代农业科技，（17）：158-159．

谭荣辉，刘耀林，刘艳芳，等．2020．城市增长边界研究进展——理论模型、划定方法与实效评价［J］．地理科学进展，39（2）：327-338．

汤峰，张蓬涛，张贵军，等．2018．基于生态敏感性和生态系统服务价值的昌黎县生态廊道构建［J］．应用生态学报，29（8）：2675-2684．

王灿发，江钦辉．2014．论生态红线的法律制度保障［J］．环境保护，42（2）：30-33．

王成新，万军，于雷，等．2017．基于生态网络格局的城市生态保护红线优化研究——以青岛市为例［J］．中国人口·资源与环境，27（S1）：9-14．

王焕之，刘婷，徐鹤，等．2020．国际经验对我国生态保护红线管理的启示［J］．环境影响评价，42（1）：43-48．

王凯，林辰辉，吴乘月．2020．中国城镇化率60%后的趋势与规划选择［J］．城市规划，

44 (12)：9-17.

王兰化，张莺 . 2011. 层次分析-熵值定权法在城市建设用地适宜性评价中的应用 [J]. 地质调查与研究，34 (4)：305-312.

王丽霞，邹长新，王燕，等 . 2017. 基于 GIS 识别生态保护红线边界的方法——以北京市昌平区为例 [J]. 生态学报，37 (18)：6176-6185.

王桥，侯鹏，蔡明勇，等 . 2017. 国家生态保护红线监管业务体系的构建思路 [J]. 环境保护，45 (23)：24-27.

王权典 . 2020. 我国生态保护红线立法理念及实践路径探讨 [J]. 学术论坛，43 (5)：25-34.

王永杰，张雪萍 . 2010. 生态阈值理论的初步探究 [J]. 中国农学通报，26 (12)：282-286.

吴健生，刘洪萌，黄秀兰，等 . 2012. 深圳市生态用地景观连通性动态评价 [J]. 应用生态学报，23 (9)：2543-2549.

武鹏达，鲁学军，侯伟，等 . 2016. GIS 支持下土地生态环境敏感性评价——以金坛市为例 [J]. 测绘科学，41 (2)：81-86.

谢花林，姚干，何亚芬，等 . 2018. 基于 GIS 的关键性生态空间辨识——以鄱阳湖生态经济区为例 [J]. 生态学报，38 (16)：5926-5937.

谢华 . 2000. 新加坡 "花园城市" 建设之研究 [J]. 中国园林，(6)：33-35.

谢雅婷，周忠发，闫利会，等 . 2017. 贵州省石漠化敏感区生态红线空间分异与管控措施研究 [J]. 长江流域资源与环境，26 (4)：624-630.

熊善高，万军，余向勇，等 . 2016. 城市生态保护红线划定技术研究——以宜昌市为例 [J]. 环境保护科学，42 (5)：31-39.

徐德琳，邹长新，徐梦佳，等 . 2015. 基于生态保护红线的生态安全格局构建 [J]. 生物多样性，23 (6)：740-746.

许妍，梁斌，鲍晨光，等 . 2013. 渤海生态红线划定的指标体系与技术方法研究 [J]. 海洋通报，32 (4)：361-367.

许正亮，韩郸 . 2016. 贵州省林业生态红线及其保护制度探讨 [J]. 林业建设，(3)：1-6.

颜磊，许学工，谢正磊，等 . 2009. 北京市域生态敏感性综合评价 [J]. 生态学报，29 (6)：3117-3125.

燕守广，林乃峰，沈渭寿 . 2014. 江苏省生态红线区域划分与保护 [J]. 生态与农村环境学报，30 (3)：294-299.

杨邦杰，高吉喜，邹长新 . 2014. 划定生态保护红线的战略意义 [J]. 中国发展，14 (1)：1-4.

于鲁平 . 2019. 生态保护红线法律制度建设时空主要矛盾解析 [J]. 政法论丛，(6)：138-148.

袁鹏奇 . 2019. 基于生态安全格局的汝阳县域生态红线划定研究 [D]. 武汉：华中科技大学硕士学位论文 .

曾江宁，陈全震，黄伟，等 . 2016. 中国海洋生态保护制度的转型发展——从海洋保护区走向海洋生态红线区 [J]. 生态学报，36 (1)：1-10.

张聪达，刘强 . 2015. 基于分区管控的北京市生态保护红线划定研究 [J]. 北京规划建设，

（3）：124-127.

张风春，朱留财，彭宁 . 2011. 欧盟 Natura 2000：自然保护区的典范 ［J］. 环境保护，（6）：73-74.

张箫，饶胜，何军，等 . 2017. 生态保护红线管理政策框架及建议 ［J］. 环境保护，45（23）：43-46.

赵士洞，张永民，赖鹏飞 . 2007. 千年生态系统评估报告集 ［M］. 北京：中国环境科学出版社 .

赵同谦，欧阳志云，贾良清，等 . 2004a. 中国草地生态系统服务功能间接价值评价 ［J］. 生态学报，1（6）.

赵同谦，欧阳志云，郑华，等 . 2004b. 中国森林生态系统服务功能及其价值评价 ［J］. 自然资源学报，1（4）：480-491.

郑华，欧阳志云 . 2014. 生态红线的实践与思考 ［J］. 中国科学院院刊，29（4）：457-461.

钟珊，赵小敏，郭熙，等 . 2018. 基于空间适宜性评价和人口承载力的贵溪市中心城区城市开发边界的划定 ［J］. 自然资源学报，33（5）：801-812.

周锐，王新军，苏海龙，等 . 2014. 基于生态安全格局的城市增长边界划定——以平顶山新区为例 ［J］. 城市规划学刊，（4）：57-63.

周婷婷 . 2016. 典型洪水调蓄区生态保护红线及其生态服务辐射效应研究 ［D］. 呼和浩特：内蒙古大学硕士学位论文 .

邹文涛，尹光天，孙冰，等 . 2006. 广东顺德 5 种类型人工林群落物种的多样性 ［J］. 中南林学院学报，（6）：71-75.

Bai X, Shi P, Liu Y. 2014. Society：realizing China's urban dream ［J］. Nature, 509（7499）：158-160.

Bai Y, Jiang B, Wang M, et al. 2016. New ecological redline policy（ERP）to secure ecosystem services in China ［J］. Land Use Policy, 55：348-351.

Bergengren J C, Waliser D E, Yung Y L. 2011. Ecological sensitivity：a biospheric view of climate change ［J］. Climatic Change, 107（3-4）：433-457.

Costanza R, de Groot R, Braat L, et al. 2017. Twenty years of ecosystem services：How far have we come and how far do we still need to go? ［J］. Ecosystem Services, 28（A）：1-16.

Costanza R, D'Arge R, Groot R D, et al. 1997. The value of the world's ecosystem services and natural capital ［J］. Nature, 387（15）：253-260.

Crowder L, Norse E. 2008. Essential ecological insights for marine ecosystem-based management and marine spatial planning ［J］. Marine Policy, 32（5）：772-778.

Day J C. 2002. Zoning—lessons from the Great Barrier Reef Marine Park ［J］. Ocean & Coastal Management, 45（2）：139-156.

De Lange H J, Sala S, Vighi M, et al. 2010. Ecological vulnerability in risk assessment—a review and perspectives ［J］. Science of The Total Environment, 408（18）：3871-3879.

Ebenman B, Jonsson T. 2005. Using community viability analysis to identify fragile systems and keystone species ［J］. Trends in Ecology & Evolution, 20（10）：568-575.

Gao J. 2019. How China will protect one-quarter of its land [J]. Nature, 569 (7757): 457.

Halpern B S, Lester S E, Mcleod K L. 2010. Placing marine protected areas onto the ecosystem-based management seascape [J]. Proceedings of the National Academy of Sciences, 107 (43): 18312-18317.

Halpern B S, Walbridge S, Selkoe K A, et al. 2008. A global map of human impact on marine ecosystems [J]. Science, 319 (5865): 948.

Jiang B, Bai Y, Wong C P, et al. 2019. China's ecological civilization program- implementing ecological redline policy [J]. Land Use Policy, 81: 111-114.

Kumar A, Marcot B G, Talukdar G. 2010. Designing a protected area network for conservation planning in Jhum landscapes of Garo Hills, Meghalaya [J]. Journal of the Indian Society of Remote Sensing, 38 (3): 501-512.

Liu J, Diamond J. 2005. China's environment in a globalizing world [J]. Nature, 435 (7046): 1179.

Liu Y, Deng X. 2001. Structural patterns of land types and optimal allocation of land use in Qinling Mountains [J]. Journal of Geographical Sciences, 11 (1): 99-109.

Liu Y, Song W, Deng X. 2019. Understanding the spatiotemporal variation of urban land expansion in oasis cities by integrating remote sensing and multi- dimensional DPSIR- based indicators [J]. Ecological Indicators, 96: 23-37.

Liu Y, Wang J, Guo L. 2006. GIS- Based assessment of land suitability for optimal allocation in the Qinling Mountains, China1 1project supported by the national basic research program of China (No. 2006CB400505) and the national natural science foundation of China (No. 40171007) [J]. Pedosphere, 16 (5): 579-586.

Mora C, Sale P F. 2011. Ongoing global biodiversity loss and the need to move beyond protected areas: a review of the technical and practical shortcomings of protected areas on land and sea [J]. Marine Ecology Progress Series, 434: 251-266.

Potschin R H A M. 2018. The economics of ecosystems and biodiversity [EB/OL]. http: // teebweb. org/.

Santi E, Maccherini S, Rocchini D, et al. 2010. Simple to sample: vascular plants as surrogate group in a nature reserve [J]. Journal for Nature Conservation, 18 (1): 2-11.

Wang G, Cheng G, Qian J. 2003. Several problems in ecological security assessment research [J]. The Journal of Applied Ecology, 14 (9): 1551-1556.

Xu X, Tan Y, Yang G, et al. 2018. China's ambitious ecological red lines [J]. Land Use Policy, 79: 447-451.